Band 19 · Dezember 1983 **12**

isotopenpraxis

AKADEMIE-VERLAG

ISSN 0021—1915 Isotopenpraxis, Berlin 19 (1983) 12, 401—440

EVP 9,— M

An unsere Autoren

Die Zeitschrift veröffentlicht Beiträge zu folgenden Themen: Kontrolle und Analyse radioaktiver und stabiler Isotope, Anwendung radioaktiver und stabiler Isotope in allen Gebieten der Forschung und Technik, der Industrie, Landwirtschaft und Medizin, Herstellung radioaktiver und stabiler Isotope sowie von markierten Verbindungen, kernelektronische Geräte für die Isotopenanwendung (Dickenmesser, Dichtemesser u. ä.) Detektoren für isotopentechnische Arbeiten und den Strahlenschutz in Isotopenlaboratorien, Meßtechnik und Strahlenschutz, Dosimetrie in Isotopenlaboratorien, kerntechnische Geräte für die Isotopenanwendung (Beton, Bestrahlungsanlagen u. ä.), Strahlenchemie, Radiochemie, ökonomische und perspektivische Fragen, Fragen der Weiterbildung.

1. Aufnahme von Manuskripten

Zur Veröffentlichung angenommen werden nur druckreife, noch nicht anderweitig publizierte Beiträge in deutscher, englischer oder russischer Sprache zum Themenbereich der Zeitschrift und zwar

Originalarbeiten
Kurze Mitteilungen
Aus der Praxis
Zusammenfassende Berichte
Tagungsberichte
Informationen.

Sind der Beitrag oder Teile daraus bereits veröffentlicht oder ist eine anderweitige Veröffentlichung vorgesehen, so muß dies der Redaktion mit genauer Angabe der Zweitveröffentlichung mitgeteilt werden. Mit der Annahme des Manuskriptes behält sich der Verlag das Recht der Vervielfältigung, Verbreitung und Übersetzung innerhalb der gesetzlichen Schutzfrist vor. Auszugsweiser Nachdruck oder photomechanische u. a. Wiedergabe sind an eine schriftliche Genehmigung des Verlages gebunden. Manuskripte, Zeichnungen und Photos von veröffentlichten Arbeiten werden nur auf den besonderen Wunsch des Autors zurückgesandt.
Bei der unverlangten Einreichung von Manuskripten wird empfohlen, eine Befürwortung eines der Herausgeber oder Redaktionsausschußmitglieder beizufügen.
Manuskripte sind einzureichen bei der Redaktion, 1080 Berlin, Leipziger Str. 3–4

2. Form der Manuskripte

Die Autoren werden gebeten:
2 Manuskripte, eines davon in Original-Maschinenschrift, einseitig und mit 2zeiligem Abstand einzureichen; gut leserliche Photokopien sind zulässig; auf dem 1. Blatt (unter Weglassung der Bezeichnung)
den Titel der Arbeit
Vorname-Initialen und Namen sämtlicher Autoren
gegebenenfalls die Institution, in der sie tätig sind
eine kurze Zusammenfassung der Arbeit von höchstens 15 Zeilen
Keywords in alphabetischer Reihenfolge und
als Fußnote die Anschrift der Institution anzugeben;
wenn möglich, auf gesonderten Blättern Namen, Titel der Arbeit und Zusammenfassung in den beiden anderen obengenannten Sprachen 2fach beizufügen;
Literaturhinweise (fortlaufend numeriert), Fußnoten, Tabellen, Abbildungen (in 2–3facher Veröffentlichungsgröße), Abbildungsunterschriften (getrennt von den Abbildungen mit Zeichenerklärungen, Quellenangaben, falls erforderlich, und gegebenenfalls mit einem Vermerk für besondere Wünsche bezüglich der Abbildungsgröße), private und Dienstanschrift der Verfasser mit akademischen Titeln und ausgeschriebenen Vornamen auf besonderen Blättern ans Ende des Manuskriptes zu stellen;
Wünsche für den Kolumnentitel (Seitenüberschrift) bekanntzugeben;
Absätze durch Einzüge von mindestens 3 Anschlägen kenntlich zu machen; die Maßeinheiten des SI-Systems ("Systeme International") zu verwenden; Korrekturen im Manuskript unmittelbar an der zu korrigierenden Stelle anzubringen;
Formeln deutlich lesbar und möglichst groß einzutragen;
Farbabbildungen und nachträgliche Änderungen oder Ergänzungen in Abbildungen zu vermeiden;
hervorzuhebende Textstellen zu unterstreichen, und zwar halbfetten Satz mit einer geraden schwarzen Linie, kursiven Satz (Schrägschrift) mit einer blauen Wellenlinie (alle Eigennamen). Sperrungen gestrichelt;
besondere Buchstaben durch farbige Unterstreichung zu kennzeichnen, und zwar Formelzeichen in

Griechisch-Kursiv ($\alpha, \beta, \ldots$) rot,
Kursiv ($A, B, \ldots$) blau
halbfetter Kursiv ($\boldsymbol{A}, \boldsymbol{B}, \ldots$) 2 Linien blau (Vektoren),
halbfetter Grotesk (**A**, **B**, ...) 2 Linien violett (Tensoren);

bei Literaturangaben auf Vollständigkeit zu achten. In nachstehender Reihenfolge müssen angegeben sein:

a) bei *Zeitschriften*: Vorname-Initialen und Namen sämtlicher Autoren, Titel der Zeitschrift (nach „Periodica Chimica" oder möglichst wenig gekürzt), Bandnummer (unterstrichen), Jahreszahl (in Klammern), Heftnummer (nur bei Zeitschriften, die jedes Heft mit S. 1 beginnen) sowie die Seitenzahl, auf der die zitierte Arbeit beginnt.

b) Bei *Büchern*: Initialen der Vornamen und Name des Autors (Herausgeber werden durch den Zusatz „ed." gekennzeichnet), voll ausgeschriebener Titel des Buches in der Originalsprache, evtl. Bandnummer, voll ausgeschriebener Name des Verlages, Nummer der Auflage (außer der ersten), Erscheinungsort(e), Erscheinungsjahr (hier nicht in Klammern setzen) und evtl. Kapitelnummer, Seitenzahl u. ä.

c) bei *Sammelbänden, Tagungsberichten*: Es soll zusätzlich der Titel des zitierten Beitrags angegeben werden. Die Seitenzahl muß unbedingt angegeben werden. Aus dem Zitat muß hervorgehen, ob es sich um einen Tagungssammelband oder um einen noch nicht veröffentlichten Vortrag handelt. Zwischen Tagungsort und Erscheinungsort des entsprechenden Tagungsberichts ist zu unterscheiden.

3. Korrekturen

Der Autor erhält zwei Umbruchabzüge, von denen einer möglichst schnell korrigiert an die Redaktion zurückgereicht werden soll. Auf Wunsch des Autors kann die Korrektur auch von der Redaktion gelesen werden.
Durch nachträgliche Manuskriptänderungen verursachte Korrekturkosten gehen, sofern sie 10% der Satzkosten übersteigen, zu Lasten des Autors.
Der Autor erhält 50 Sonderdrucke kostenlos. Weitere Sonderdrucke können bis zur Rückgabe der Korrekturabzüge auf Kosten des Autors bei der Redaktion bestellt werden.

Bezugsmöglichkeiten

Bestellungen sind zu richten

- **in der DDR** an den Postzeitungsvertrieb unter Angabe der Kundennummer des Bestellenden oder an den AKADEMIE-VERLAG, DDR-1086 Berlin, Leipziger Straße 3–4, PF-Nr. 1233;
- **im sozialistischen Ausland** an eine Buchhandlung für fremdsprachige Literatur oder an den zuständigen Postzeitungsvertrieb;
- **in der BRD und Berlin(West)** an eine Buchhandlung oder an die Auslieferungsstelle KUNST UND WISSEN, Erich Bieber OHG, Wilhelmstraße 4–6, D-7000 Stuttgart 1;
- **in den übrigen westeuropäischen Ländern** an eine Buchhandlung oder an die Auslieferungsstelle KUNST UND WISSEN, Erich Bieber GmbH, Dufourstraße 51, CH-8008 Zürich;
- **im übrigen Ausland** an den Internationalen Buch- und Zeitschriftenhandel; den Buchexport, Volkseigener Außenhandelsbetrieb der Deutschen Demokratischen Republik, DDR-7010 Leipzig, Postfach 160; oder an den AKADEMIE-VERLAG, DDR-1086 Berlin, Leipziger Straße 3–4.

Zeitschrift „Isotopenpraxis"

Herausgeber: Im Auftrag des Akademie-Verlages herausgegeben von Prof. Dr. Justus Mühlenpfordt
Verlag: Akademie-Verlag, DDR-1086 Berlin, Leipziger Straße 3–4, PF-Nr. 1233; Fernruf: 2236229; Telex-Nr.: 114420;
Bank: Staatsbank der DDR, Berlin, Kto.-Nr.: 6836-26-20712
Verantwortlich für den Inhalt des Heftes: Prof. Dr. H. Hübner, Leipzig
Anschrift der Redaktion (Fernruf Frau H. Schier: 6351177) der Zeitschrift Isotopenpraxis: Akademie-Verlag, DDR-1086 Berlin, Leipziger Str. 3–4, PF-Nr. 1233
Veröffentlicht unter der Lizenznummer 1527 des Presseamtes beim Vorsitzenden des Ministerrates der Deutschen Demokratischen Republik
Gesamtherstellung: VEB Druckerei „Thomas Müntzer", DDR-5820 Bad Langensalza
Erscheinungsweise: Die Zeitschrift „Isotopenpraxis" erscheint monatlich. Die 12 Hefte eines Jahrganges bilden einen Band. Bezugspreis je Band 180,– M zuzüglich Versandspesen (Preis für die DDR 108,– M). Preis je Heft 15,– (Preis für die DDR 9,– M)
Bestellnummer dieses Heftes: 1079/19/12

AN (EDV) 12831

Isotopenpraxis 19 (1983) 12, S. 401 bis 409

Chemie und Radiopharmakologie organ- bzw. funktionsspezifischer Metallkomplexverbindungen des Technetiums*)

(Fortschrittsbericht)

R. Münze

(Zentralinstitut für Kernforschung Rossendorf)[1]

Mehr als 80% der gesamten wertmäßigen Produktion an radioaktiven Präparaten werden gegenwärtig international in der nuklearmedizinischen Praxis eingesetzt.
Die ^{99m}Technetiumkomplexverbindungen nehmen dabei eine dominierende Stellung ein. Durch Fortschritte in der Kenntnis der Koordinations-, Redox- und Radiochemie dieses Elementes wurde es in letzter Zeit möglich, erste Ansätze über die Mechanismen der Biolokalisation und ihre chemischen Ursachen herauszuarbeiten. Das hat die Suche nach neuen ^{99m}Tc-Radiopharmaka stimuliert, deren erste erfolgreiche Ergebnisse vorliegen.
Auf der Grundlage des gegenwärtigen Standes und der erkennbaren Tendenzen ist eine weitere internationale Verstärkung der wiss. Aktivitäten auf diesem Gebiet zu erwarten.

At the present more than 80% of the total amount of purchased radioactive compounds are used in clinical practice. The field is dominated by technetium coordination compounds. Increasing knowledge on the coordination, redox-reactions, and radiochemistry of this element was the basis for elaborating first rationales on the chemical reasons for the biolocalization of those compounds.
This has stimulated the exploration of new ^{99m}Tc-radiopharmaceuticals. A further acceleration of this fast growing field is expected.

Keywords

drugs; nuclear medicine; pharmacology; radiopharmaceuticals; reviews; technetium 99*m*; technetium complexes

1. Einleitung

Radioaktive Indikatoren, deren Verteilung und Metabolismus durch physiologische Prozesse bestimmt werden, gestatten die Untersuchung von Lebensprozessen ohne Störung des Organismus. Damit tritt unvermeidlich eine Strahlenbelastung auf. Diese spielt im Tierversuch aber nur insofern eine Rolle, als sie das Ergebnis nicht beeinflussen darf. Die große Nachweisempfindlichkeit ionisierender Strahlung erlaubt es immer, die verwendeten Radioaktivitäten (MBq — GBq) so gering zu halten, daß dieses Kriterium erfüllt ist.

Anders ist es, wenn diese Methoden in der klinischen Diagnostik verwendet werden sollen. Die Anwendung von Radioisotopen in der Humanmedizin hat in den entwickelten Ländern eine solche Breite erreicht (etwa 1 bis 3 Anwendungen pro Individuum bei 60 Jahren Lebenszeit), daß die genetische Belastung der Population beachtet werden muß. Die durch die Radioisotopenanwendung induzierte Mehrbelastung sollte höchstens in der Größenordnung der Röntgendiagnostik, besser aber noch darunter liegen.

Ein wesentlicher Vorzug nuklearmedizinischer Diagnoseverfahren gegenüber zahlreichen anderen Funktionstests liegt im nichtinvasiven Charakter der Methode. Die Bewegungen und Veränderungen des radioaktiven Stoffes im Körper werden über die aus der Körperoberfläche austretende ionisierende Strahlung verfolgt. Deshalb muß der radioaktive Indikator, das „Nuklear- oder Radiopharmakon", ein gammaemittierendes Radionuklid geeigneter Energie und Halbwertszeit enthalten. Teilchenstrahlung dagegen ist unerwünscht. Ihr bedeutend größeres Ionisierungsvermögen erzeugt Strahlenbelastungen, die um Größenordnungen über denen elektromagnetischer Strahlung gleicher Energie liegen. Außer dem strahlenbiologischen Aspekt entscheiden Verfügbarkeit und ökonomische Herstellbarkeit darüber, ob eine nuklearmedizinische Diagnosemethode klinische Bedeutung gewinnt oder nicht. Der Anwender erwartet, daß alle wichtigen radioaktiven diagnostischen Mittel ständig zur Verfügung stehen, daß die Behandlung möglichst ambulant durchgeführt werden kann und daß keine größeren Aufwendungen für den Strahlenschutz und die Beseitigung der radioaktiven Abfälle auftreten. Schließlich hat sich die Radionukliddiagnostik auch von der finanziellen Aufwendungen her in die übrigen klinischen Methoden einzuordnen. Das biologische Verhalten eines in die Blutbahn eingeführten Radioindikators wird von seiner chemischen Form bestimmt. Vom Gesichtspunkt der Biochemie und Pharmakologie wäre es am erfolgsträchtigsten, Biochemikalien, so z.B. Substrate, Precursoren, Agonisten und Antagonisten biochemischer Transformationen sowie Transmitter, Blocker und andere rezeptoraffine Stoffe radioaktiv zu markieren. Leider sind jedoch die gammaemittierenden Radionuklide der „biologischen" Elemente Kohlenstoff (^{11}C: 20 min Halbwertszeit), Stickstoff (^{13}N: 9,96 min Halbwertszeit) und Sauerstoff (^{15}O: 2 min Halbwertszeit) so kurzlebig, daß eine breite klinische Anwendung außer Diskussion steht. Dieses Problem läßt sich in manchen Fällen dadurch umgehen,

*) Dem 25jährigen Bestehen der Radioisotopenproduktion im ZfK Rossendorf gewidmet

[1]) Anschrift: 8051 Dresden, PF 19

daß gammastrahlende Isotope von Heteroelementen (Fluor, Brom, Jod, Selen, Arsen) zur Markierung verwendet werden, deren Substitution zu isosteren Wirkstoffanalogen führt.

Mit einer Markierung durch ^{18}F (110 min HWZ), ^{77}Br (57 h HWZ), ^{123}I (13 h HWZ), ^{131}I (8 d HWZ), ^{75}Se (128 d HWZ) gelingt es in einigen Fällen, radioaktive Indikatoren zu synthetisieren, die an biochemischen Transformationen des Organismus teilnehmen. Ihre Verteilung und Biokinetik enthält Informationen über den Funktionszustand dieser Systeme. Zu den bekanntesten Beispielen dieser Gruppe von Radioindikatoren gehört die 2-^{18}Fluordesoxyglucose; mit ihrer Hilfe kann der Glucosestoffwechsel in Hirn und Herz bis zum Hexokinaseschritt verfolgt werden und die ^{123}I-ω-Fettsäuren, die dem Energiestoffwechsel des Herzmuskels folgen. Weiter sind einige ^{77}Br-, ^{18}F- und ^{123}I-markierte Rezeptorbinder bzw. Speicheranalogen bekannt, die eine Darstellung der entsprechenden Rezeptorverteilung ermöglichen. Eine Anwendung dieser Stoffe kann zu tieferen Einsichten in das Zusammenspiel der verschiedenen biochemischen Teilprozesse des Lebens, einschließlich der psychologischen Reaktionen und ihrer pathologischen Veränderungen (Lähmungen, Störungen der sinnlichen Wahrnehmungen, Geisteskrankheiten), führen. Eine breite klinische Anwendung solcher wertvoller Radiopharmaka ist jedoch aufgrund der begrenzten Verfügbarkeit, der hohen Kosten und spezieller Anforderungen an Nachweistechnik und Erzeugung (^{18}F) nicht zu erwarten.

Wie bereits begründet, kommt den radiobiologischen Eigenschaften des Radionuklids und der Verfügbarkeit die solute Priorität im Hinblick auf eine breite klinische Anwendung zu. Da aber die Elemente in den bisher erwähnten bioaktiven Verbindungen über keine solchen Radionuklide verfügen, ist es nicht möglich, die gegenwärtige Radiopharmakaentwicklung auf den bekannten biochemischen und pharmakologischen Ergebnissen der Arzneimittelforschung zu entwickeln. Sie muß sich vielmehr auf prinzipielle synthetische Möglichkeiten und das Verbindungsspektrum eines verfügbaren und strahlenphysikalisch akzeptablen Radionuklides orientieren und das diagnostische Potential seiner chemischen Verbindungen beurteilen.

Im Ergebnis einer systematischen Durchsicht der bekannten ca. 1500 radioaktiven Kerne wurde 1957 das Kernisomere ^{99m}Technetium für die nuklearmedizinische in-vivo-Diagnostik von *Richards* [1] vorgeschlagen. Es entsteht durch Betazerfall aus ^{99}Molybdän. Dieses kann über einen komplizierten kernchemischen Prozeß [2] theoretisch in unbegrenzten Radioaktivitäten aus den Produkten der ^{235}Uraniumkernspaltung abgetrennt werden [2]. ^{99}Molybdän zerfällt mit einer Halbwertszeit von 67 h. Daher kann es ohne besondere Aufwendungen regelmäßig geliefert werden. Das sich kontinuierlich bildende Tochternuklid ^{99m}Technetium wird direkt am Einsatzort durch einen weitgehend automatisierten Ionenaustauschprozeß in höchster Reinheit und in injektionsfertiger Form (steril und pyrogenfrei) abgetrennt. Die Halbwertszeit des ^{99m}Technetium beträgt 6 h. Das Nuklid ist langlebig genug, um die notwendigen Arbeitsschritte für die Anwendung und Auswertung planmäßig durchführen zu können. Andererseits zerfällt es aber auch so rasch, daß radioaktive Ausscheidungen des Patienten sowie radioaktive Rückstände beim Anwender keine gravierenden Strahlenschutzprobleme aufwerfen.

^{99}Technetium emittiert nahezu monoenergetische Gammaquanten, deren Energie (140 keV) für die Durchdringung von Körperpartien und die Abbildung mit großflächigen Szintillationszählern (Gammakameras) optimal ist. Primäre Partikelstrahlung fehlt; der Anteil hochkonvertierter niederenergetischer Gammastrahlung ist so gering, daß die dadurch erzeugte Strahlenbelastung über *Auger*elektronen zu vernachlässigen ist. Deshalb können große Radioaktivitäten appliziert werden und damit schnelle Transportprozesse (z.B. die Blutzirkulation im Herzen) über Bolusinjektionen meßtechnisch erfaßt werden.

Den strahlenbiologischen und kernphysikalischen Vorteilen des ^{99m}Technetium stehen unzureichende Kenntnisse der Chemie dieses Übergangselements und der biologischen Eigenschaften seiner Verbindungen entgegen. Die Stoffe, in denen das Element Technetium auftritt, sind in den meisten Fällen Metallkomplexverbindungen. Als körperfremde Substanzen sind kaum Analogien zu körpereigenen Stoffen oder bekannten Wirkstoffen zu erwarten. Die Radiopharmakologie der Technetiumverbindungen hat sich deshalb in den ersten 10—12 Jahren nach der Einführung dieses Radionuklids sehr zögernd entwickelt. Erst Anfang der siebziger Jahre begann man, ohne Berücksichtigung der zweifellos bedeutenden, aber nicht hinreichend bekannten Veränderungen durch die Metallkomplexbildung, systematisch solche Stoffe und Materialien mit Technetium zu „markieren", von denen ein bestimmtes biologisches Verhalten erwartet wurde. Dabei konnten einige wertvolle diagnostische Agentien gefunden werden, bei denen der Einbau des Technetiums offensichtlich bestimmte, für die Bioverteilung wesentliche, Stoffeigenschaften nicht nachteilig veränderte. Das war vor allem bei großen Molekülen (Humanserumalbumin), Zellen (rote Blutzellen) oder polymeren anorganischen Verbindungen (Polyphosphate, Polyphosphonate) der Fall. Seit wenigen Jahren bemüht man sich, fußend auf den wachsenden Ergebnissen zur Chemie des Technetiums, Zusammenhänge zwischen den physikochemischen Parametern von Technetiumkomplexverbindungen und ihrer Bioverteilung zu finden.

Dabei ist ein spezifisch radiochemisches Problem zu beachten. Bis auf wenige Arbeiten aus neuester Zeit liegen kaum gesicherte Kenntnisse über den chemischen Zustand der ^{99m}Technetiumradiopharmaka in den hochverdünnten 10^{-8}—10^{-9} molaren Lösungen vor. Koordinationschemische Aussagen im analytischen Konzentrationsbereich mit dem langlebigen Isotop ^{99}Technetium ($2{,}15 \cdot 10^5$ a HWZ) sind aber nicht in allen Fällen auf die nanomolaren ^{99m}Technetiumlösungen übertragbar. Zahlreiche chemische Reaktionen dieses Elements, z.B. Redoxprozesse zwischen den Oxydationszuständen +7, +5, +4, +3 und +2, daraus resultierende Dys- und Symproportionierungsreaktionen sowie Kondensationsreaktionen (vor allem in der Oxydationsstufe +4), hängen von der Technetiumkonzentration ab.

Eine Zuweisung bestimmter chemischer Formen und Strukturen für die ^{99m}Technetiumradiopharmaka als Ausgangspunkt für eine Diskussion von Struktur-Bioverteilungs-Beziehungen ist somit nur dann zulässig, wenn der ^{99m}Technetiumansatz in allen meßbaren konzentrationsunabhängigen Parametern mit denen des chemisch-analytisch charakterisierten ^{99}Technetium-Modell-Systems übereinstimmt. Solche Parameter sind: Elektromigrationsverhalten, Verteilungskoeffizienten in Extraktions- und Ionenaustauschsystemen, chromatographische Größen, chemische Umsetzungen z.B. Ligandaustauschuntersuchungen und nicht zuletzt das Verhalten im Tierexperiment.

Der Beitrag faßt Ergebnisse zur Chemie radiopharmazeutisch relevanter Technetiumkomplexverbindungen und gegenwärtig diskutierte Vorstellungen zu den Mechanismen der Bioverteilung und Organlokalisierung anhand repräsentativer Beispiele zusammen.

2. Koordinationschemie radiopharmazeutisch relevanter Technetiumverbindungen

Die Beschränkung auf radiopharmazeutisch relevante Technetiumverbindungen ist nicht nur im Hinblick auf ein diagnostisch interessantes Bioverhalten dieser Stoffe, sondern auch in bezug auf die Besonderheiten bei der pharmazeutischen Zubereitung zu sehen. Bedingt durch die kurze physikalische Halbwertszeit des ^{99m}Technetiums (6 h) muß die Synthese des Radiopharmakons unmittelbar beim Anwender erfolgen. Es wird gefordert, daß völlig reproduzierbar ein Produkt entsteht, welches den staatlichen Zulassungsbedingungen entspricht. Zur Prüfung stehen wegen der extrem niedrigen Konzentrationen von ca. 10^{-9} m nur relativ unspezifische Kontrollmethoden (Dünnschichtchromatographie) zur Verfügung, die nur eine Aussage über die Markierungsausbeute liefern. Aufgrund der kurzen Halbwertszeit kann der entscheidende Test, die Bioverteilung im Tierversuch unter standardisierten Bedingungen, nicht mehr vor der Anwendung am Menschen durchgeführt werden. Die diagnostisch relevanten Informationen sind in den element- aber nicht stoffspezifischen Radioaktivitätssignalen verschlüsselt. Jede Abweichung vom geplanten Syntheseverlauf, die zu unerwünschten radioaktiven Produkten führt, ist erst bei der Anwendung als von der Norm abweichende Radioaktivitätsverteilung sichtbar. Dadurch wird die diagnostische Bewertung stark beeinträchtigt bzw. unmöglich. Schließlich ist noch zu berücksichtigen, daß beim gegenwärtigen Stand der Anwendung die nuklearmedizinische in-vivo-Diagnostik in den westlichen Ländern zum Repertoire frei praktizierender Fachärzte gehört, so daß die Radiopharmakaherstellung mit ^{99m}Technetium auch durch technische Kräfte, die nicht über spezielle Kentnisse der komplizierten Chemie dieses Elements verfügen, fehlerfrei (fool proof) ausgeführt werden kann.

Mit Ausnahme des Technetats(VII) (Pertechnetat), das direkt als Eluat der ^{99}Mo/^{99m}Tc-Generatoren in steriler und pyrogenfreier Form erhalten wird, entsprachen die wenigen ^{99m}Technetiumradiopharmaka in den sechziger Jahren diesen Bedingungen noch nicht. Die Radiopharmakasynthese wurde in dieser Zeit durch speziell ausgebildete Radiochemiker („Radiopharmazeuten") in jeder Klinik nach individuellen Methoden durchgeführt. Sie entsprach der Arzneimittelherstellung in der Apotheke vor der Entwicklung der industriellen Pharmakaerzeugung.

Das wesentliche Problem der industriellen Produktion von ^{99m}Technetiumradiopharmaka besteht darin, daß eine quantitative Umsetzung des ^{99m}Technetats(VII) aus Generatoreluat zum Zielprodukt möglichst in einem Schritt, ohne anschließende Reinigungs- und Trennoperationen, erreicht werden muß, die unmittelbar eine, für i. v. Injektionen verträgliche Form, liefert. Die Lösung wurde durch Reduktion des $^{99m}TcO_4^-$ mit Sn(II)-Verbindungen in Gegenwart des zu markierenden Stoffes gefunden, die erstmals von uns [3, 4] am Beispiel der Technetiummarkierung von Humanserumalbumin sowie roter Blutzellen 1969 in die Nuklearmedizin eingeführt wurde. In der wenig später von *Eckelman* [5] vorgeschlagenen Variante des „instant kits" erhält der Anwender das optimierte Reaktantengemisch in lyophilisierter Form. Damit reduziert sich die Radiopharmakasynthese vor Ort auf die Zugabe des ^{99m}Technetat(VII)-Generatoreluats.

Die Methode ist auch heute noch die wissenschaftliche Grundlage der gesamten ^{99m}Technetium-Radiopharmakaproduktion. Mit Einführung der Reagenzsätze wurde die industrielle Produktion möglich, konnte die staatliche Registrierung als Arzneimittel sowie die internationale Standardisierung und der Vergleich der klinischen Ergebnisse erreicht werden. Gleichzeitig damit ging die volle Verantwortung für die Qualität und Anwendbarkeit des Fertigproduktes vom „Radiopharmazeuten" in der Klinik auf den Produzenten der Ausgangsprodukte, den ^{99}Mo/^{99m}Tc-Generator und die nunmehr als „^{99m}Tc-Nuklearpharmaka" bezeichneten Reagenzsätze über. Der Produzent hat entsprechend staatlicher Regelungen durch umfangreiche chemisch-analytische und tierexperimentelle Prüfungen jeder einzelnen Charge nachzuweisen, daß der gelieferte Reagenzsatz mit allen handelsüblichen ^{99}Mo/^{99m}Tc-Generatoren zu einem Produkt mit standardisiertem Bioverhalten führt. Diese Forderung ist zunehmend schwerer zu erfüllen, da international auf eine immer längere Verwendbarkeit (bis zu einem Jahr) orientiert wird, ungeachtet dessen, daß die Reagenzsätze leichtoxydierbare Bestandteile (Sn(II)-Verbindungen) in geringsten Mengen (Milligramm) enthalten. Die Lösung der damit verbundenen Probleme durch geeignete chemische Formen des Reduktionsmittels und Zusatz von Oxydationsinhibitoren ist Gegenstand einer umfangreichen Patentliteratur.

Die Chemie des Technetiums ist aufgrund seiner Stellung in der siebenten Nebengruppe des Periodischen Systems dem des Rheniums ähnlich. Wesentliche Unterschiede bestehen im Redoxverhalten. Technetiumverbindungen niederer Oxydationsstufen werden leichter oxydiert als die des Rheniums. In den Stabilitäten intermediärer Oxydationszustände (+6, +3, +5) sind beide Elemente verschieden. Das Technetat(VII) ist ein stärkeres Oxydationsmittel als das Rhenat(VII), erreicht aber nicht die Oxydationskraft des Manganats(VII). Technetat(VII) wird durch die im Organismus wirkenden Oxydationsprozesse nicht reduziert und ist somit in vivo stabil.

Im Hinblick auf die nuklearmedizinische Anwendung des Technetiums hat man in den letzten Jahren verstärkt versucht, grundsätzliche koordinationschemische Bedingungen für die Bildung und Umwandlung von Technetiumkomplexen unter physiologischen Bedingungen aufzuklären. Im wesentlichen kommt es darauf an zu wissen, welche Donoratomsequenzen Technetium in definierten Oxydationsstufen in neutralen wäßrigen Lösungen gegen Hydrolyse und Reoxydation stabilisieren und welche molekularen Strukturen dabei gebildet werden.

Allgemeine Aussagen aus diesen Untersuchungen lassen sich wie folgt zusammenfassen:

Ähnlich wie Mangan und Rhenium benötigt auch Technetium für die Stabilisierung der höheren Oxydationsstufen (+7, +6, +5, +4) negativ geladene Donorgruppen, wobei die höheren Stufen „harte" Atome (Sauerstoff, Stickstoff), die niederen dagegen „weiche" (Schwefel, Phosphor, Arsen) bevorzugen. Die mittleren Oxydationsstufen, die durch die Zinn(II)-Reduktion des TcO_4^- gebildet werden (+5, +4, +3) und deshalb für die hier behandelte Thematik von besonderer Bedeutung sind, sind in dieser Hinsicht ambivalent. Durch das typische „borderline" Verhalten ist es nicht möglich, rein theoretisch das Verhalten gegenüber bestimmten Ligandmolekülen vorherzusagen. Die mittleren Oxydationsstufen neigen zur Disproportionierung. Das kann dazu führen, daß Technetiumverbindungen, die im nanomolaren Konzentrationsbereich wegen der geringen Begegnungswahrscheinlichkeit zweier Technetiumspecies während der Lebenszeit des ^{99m}Technetium stabil erscheinen, bei Modellexperimenten im analytischen Bereich gar nicht oder nur intermediär auftreten.

Die bisher nuklearmedizinisch eingesetzten Technetiumverbindungen enthalten das Metall in den Oxydationsstufen +7, +5, +4, +3, +1. Alle diese Stufen sind in Gegenwart geeigneter Ligandmoleküle durch Zinn(II)-Reduktion erreichbar. Die Komplexverbindungen verhalten sich im kinetischen Sinne inert, d. h., sie gehen mit den in den Körperflüssigkeiten vorhandenen Komplexbildnern (Kohlehydrate, Carbonsäuren, Aminosäuren) keine Ligandaustauschreaktionen ein. Das gleiche gilt auch für die Hydrolyse. Es ist von grundsätzlicher Bedeutung, daß sich die Technetiumverbindungen von anderen in der Nuklearmedizin verwendeten Metallkomplexen wie z.B. denen des ^{67}Galliums oder des ^{113m}Indiums unterscheiden. Durch vielfältige Variation der chemischen Umgebung des Technetiumatoms erhält man Indikatoren mit unterschiedlicher Bioverteilung und Biokinetik.

2.1. *Technetium(VII)-Verbindungen*

Von den Verbindungen des Tc(VII) haben das Technetat (VII) und das Technetiumheptasulfid Tc_2S_7 klinische Bedeutung. $^{99m}TcO_4^-$ entsteht beim radioaktiven Zerfall des ^{99}Molybdat(VI) in wäßriger Lösung bei Gegenwart von Luftsauerstoff. Es wird in 99%iger radiochemischer Reinheit in physiologischer Kochsalzlösung als Eluat dem $^{99}Mo/^{99m}Tc$-Generator in injektionsfertiger Form entnommen. Moderne Generatorsysteme liefern radioaktive Konzentrationen in der Größenordnung von 10—40 GBq/ml. Damit können Bolusgrößen im Zehntelmilliliterbereich für Verweilzeituntersuchungen erreicht werden.

Tc_2S_7 oder genauer die bei der Umsetzung von $^{99m}TcO_4^-$ mit H_2S oder $Na_2S_2O_6$ an Rhenium- bzw. Antimonsulfid oder Schwefelkolloid adsorbierte radioaktive Substanz kommt nur in Verbindung mit den genannten Trägern zur Verwendung.

2.2. *Technetium(VI)-Verbindungen*

Der Verlauf der Reduktion hängt davon ab, ob in dem System Protonendonatoren vorhanden sind oder nicht [6]. Nach Untersuchungen von *Astheimer* und *Schwochau* [7] sowie von *Harwig, Wolf* und *Slater* [8] erhält man bei der elektrochemischen Reduktion in aprotischen Lösungsmitteln (Acetonitril, Dimethylformamid, Dimethylsulfoxid) ausschließlich TcO_4^{--}. Bei Anwesenheit von Verbindungen, die einen sterisch begünstigten Protonenübergang auf das TcO^- und damit die Ablösung von Sauerstoffatomen aus dem TcO^--Tetraeder ermöglichen (O-Aminophenol, Catechol, Oxin, O-Aminothiophenol u. a.), wurden dagegen Koordinationsverbindungen mit Tc(IV) und Tc(III) beobachtet.

Eine trigonal prismatische Tc(VI)-(aminobenzenthiol)$_3$-Verbindung wurde kürzlich in unserem Laboratorium von *Spies* [9] durch Luftoxydation des entsprechenden Tc(V)-Komplexes erhalten. In wäßriger Lösung wurden TcO_4^{--}-Ionen nur sehr kurzzeitig bei der elektrochemischen Reduktion [10, 11] bzw. bei Pulsradiolyse [12] beobachtet. Sie zerfallen, vermutlich durch Disproportionierung unter Beteiligung von Protonen, zu TcO^- und $TcO_2 \times H_2O$ bzw. werden bei Reduktionsmittelüberschuß sofort zum $TcO_2 \times H_2O$ weiterreduziert.

Aus diesen Gründen spielen Tc(VI)-Verbindungen bisher keine Rolle in der Radiopharmakologie der Technetiumverbindungen, obgleich es nicht ausgeschlossen ist, daß derartige Formen bei Gegenwart geeigneter Liganden in den nanomolaren ^{99m}Tc-Lösungen stabilisiert werden.

2.3. *Technetium(V)-Verbindungen*

Bis vor wenigen Jahren glaubte man, daß die Tc(V)-Verbindungen in wäßriger Lösung instabil sind. Weder in protischen noch in aprotischen Lösungsmitteln wurde TcO_4^{---} erhalten. Allerdings deuteten polarographische Stufen bei der Reduktion des TcO^- in alkalischer Lösung darauf hin, daß eine derartige Verbindung zumindest während der Lebenszeit des Quecksilbertropfens existiert. Um so überraschender war es, als *Steigman* [13] nachweisen konnte, daß die TcO_4^--Reduktion in Gegenwart von Citronensäure und überschüssigem Sn(II) zunächst sehr schnell zum Verbrauch von zwei Äquivalenten Reduktionsmitteln pro Technetiumatom und dann in einer langsamen Reaktion zum Verbrauch eines weiteren Äquivalents führte. In der folgenden Zeit gelang es, zahlreiche definierte Verbindungen des Tc(V) zu synthetisieren und in Lösung oder in kristallisierter Form zu charakterisieren (s. Tab. 1—4). Als Liganden sind Hydroxycarbonsäuren, Amine, Thiolverbindungen u. a. geeignet [14—22] (s. Abb. 1). Die allgemeinen Reduktionsschemata sind in Abb. 2—4 dargestellt.

Eine charakteristische Eigenschaft der bisher untersuchten Tc(V)-Verbindungen ist das Auftreten mindestens einer Oxo- bzw. Nitridogruppe im Molekül. Die quantenchemische Berechnung der $O{=}Tc(S)_4$ Modellstruktur nach der X_α-Methode ergab [23], daß die Tc=O-Wechselwirkung durch eine Kombination der Technetium d_z2,d_{xz}- und d_{yz}-Orbitale mit den Sauerstoff p_z,$p_x$py-Orbitalen bewirkt wird, d. h. formal dreibindig ist. Diese sehr starke Bindungskombination bestimmt die Chemie der gesamten Gruppe. Eine Folge der Oxostruktur ist ein weiter Abstand zwischen dem höchsten besetzten (nichtbindendes Technetium d_{xy}-Orbital) und dem niedrigsten unbesetzten (Kombination der -antibindenden Sauerstoff p_x- und p_y- und der d_{xz}- und d_{yz}-Technetium-Orbitale) Zustand. Die Verbindungen sind low spin Komplexe mit beträchtlicher kinetischer Stabilität gegenüber Elektronentransferprozessen.

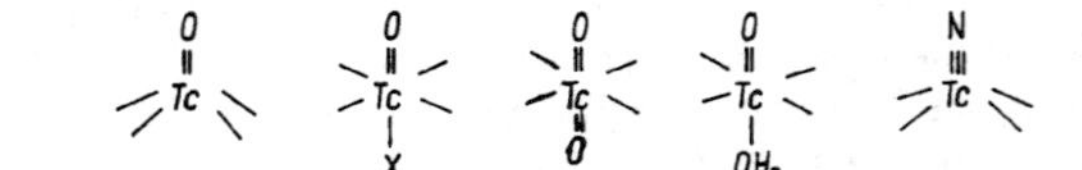

Abb. 1. Charakteristische Komplextypen des Tc(V)

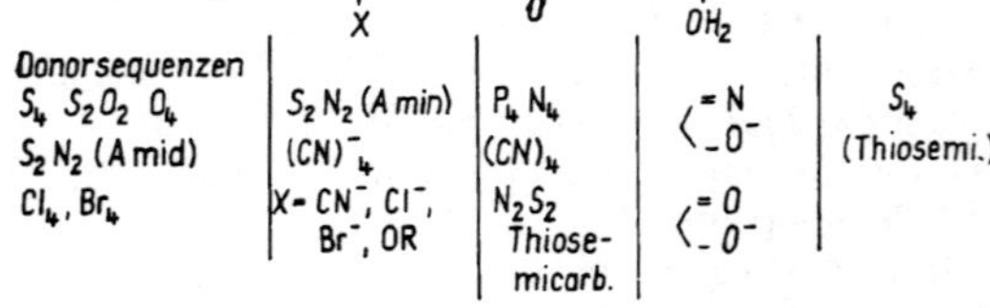

Abb. 2. Reduktionsschema des TcO_4^- in Gegenwart von Hydroxylliganden in wäßriger Lösung

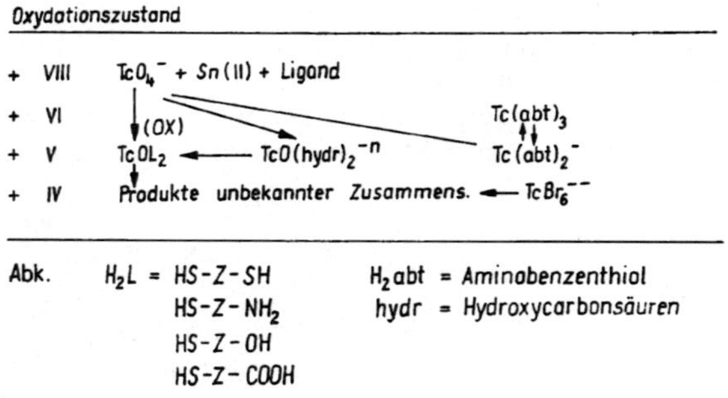

Abb. 3. Reduktionsschema des TcO_4^- in Gegenwart von Thiolliganden in wäßriger Lösung

Tab. 1. In verdünnten wäßrigen Lösungen beständige Tc(V)-Komplexe mit Hydroxylliganden

Strukturvorschlag

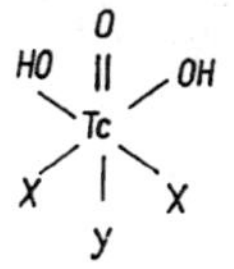

X	Ligand	Y
COO^-	α-Hydroxyisobuttersäure	O
	Äpfelsäure	OH
	Weinsäure	OH
	Gluconsäure	OH
	Glucoheptonsäure	OH
	Citronensäure	COO^-
	Isocitronensäure	COO^-
OH	Glycol	?
	Glycerol	OH
	Mannitol	?
	Kohlehydrate wie Glucose, Fructose, Stärke u. a.	?

Tab. 2. In Lösung charakterisierte Tc(V)-Thiolatoverbindungen

Strukturvorschlag

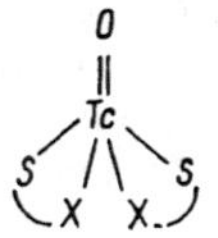

X	Ligand	Komplex-ladung
NH_2	Cysteamin	Kation
	Cystein	Anion
	Cysteinethylester	Anion
	Penicillamin	Anion
OH/COO^-	Thioglycolsäure	Anion
	Thiomilchsäure	Anion
	Thioäpfelsäure	Anion
	3-Thiopropionsäure	Anion
	Acetylcystein	Anion
	Glutathion	Anion
	Thioethanol	Anion
	Thioglucose	Anion

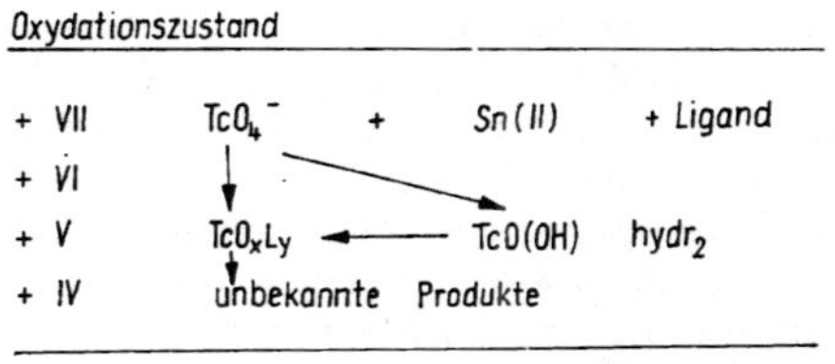

Abb. 4. Reduktionsschema des TcO_4^- in Gegenwart von Stickstoffliganden in wäßriger Lösung

Tab. 3. In kristallisierter Form isolierte Tc(V)-Komplexverbindungen

Struktur

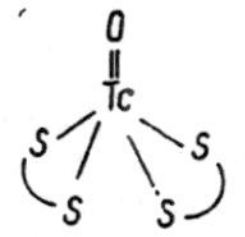

Liganden
Ethandithiol
1,2-Dithiopropanol
meso- und *rac*.-Dithiobernsteinsäure
meso- und *rac*.-Dithiobernsteinsäuredimethylester
2,3-Dithiopropansulfonsäure
Dihydrothioctsäure
1,2-Dicyanethandithiol
1,1-Dicyanethandithiol
1,1-Dicyanethanthiolselenol
N — Cyaniminomethandithiol
4,5-Dimercapto-1,3-dithiol-thion-2

Tab. 4. In Lösung charakterisierte Tc(V)-Komplexverbindungen mit Stickstoffliganden

Strukturvorschlag

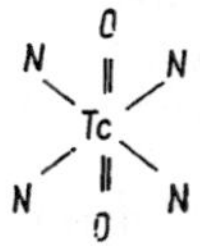

Ligand	Ausbeute (%)		optimaler *p*H	*p*H (N) Ligand
Ethylendiamin	80 — 100	a)	10,5	7,1/10,7
	90 — 95	b)		
β-Bisdimethyl-aminoethan	70 — 100	a)	10,2	7/10
Pyridin	90	a)	6,0	8,6
Pyridin' Dipyridin	80 — 90	a)	5 — 7	9,7
	60 — 70	b)	2,2 — 7,5	
1,10 Phenanthrolin	50 — 60	a)	4 — 5	4,8
	60 — 65	b)	5 — 7	
Aminopyridin	43	b)	5,5	6,9
Nicotinsäureamid	70	a)	4 — 5	10,7
	60 — 70	b)	6 — 10	
Thymin	37	b)	4	9,9/13
Cytosin	23	b)	2,1	4,6/12,2

a) Ligandaustauschreaktion mit $[TcO_2$ Hydroxyisobutters.$_2]^-$
b) Sn(II) Reduktion von $^{99m}TcO_4^-$

In bezug auf die ancillaren Liganden bestehen große Unterschiede im chemischen Verhalten der Verbindungen, abhängig davon, ob diese Liganden über weiche oder harte Donoratome mit dem Technetium-Oxo-Core wechselwirken. Weiche negativ geladene Donoratome z.B. Schwefel, Chlor und Brom erfahren durch das äquatorial im d_{xy}-Orbital angeordnete einsame Elektronenpaar in Verbindung mit geringer Bindungsstärke eine Abstoßung, die zur Ausbildung quadratisch pyramidaler Strukturen führt. Die Chelatverbindungen mit jeweils zwei benachbarten Thiol- bzw. Thiol-Amid, Thiol-Hydroxyl- und Thiol-Carboxylgruppen sind in wäßriger Lösung stabil. Für representative Vertreter liegen Kristallstrukturanalysen vor [19, 24]. Die Verbindungen mit monodentaten Liganden (Chlor, Brom) kristallisieren aus stark saurer Lösung. Bei sinkender Säurestärke (ab 4—5 molar) tritt Hydrolyse ein.

Beim Übergang zu überwiegend harten Donoratomen erhöht sich die Konkurrenz zur Oxo-Bindung in bezug auf die Beanspruchung der bindenden Technetiumorbitale. Die Tc=O-Bindung wird schwächer, damit steigen die cis-Liganden an die Äquatorialebene des Komplexes. Die transaxiale Position wird für die lockere Bindung eines weiteren Liganden frei. Diese Verbindungen sind bedeutend empfindlicher gegenüber Oxydations- und Ligandaustauschprozessen. Z.B. sind die Hydroxycarbonsäurechelate [15—29] nur in verdünnter Lösung beständig. Bei Konzentrierung der Lösung steigt die Reaktionswahrscheinlichkeit zwischen zwei Technetiumspecies. Die Substanzen zerfallen unter Disproportionierung zum entsprechenden Tc(IV)-Chelat und Technetat(VII). Es ist bisher nicht gelungen, diese Stoffe — sie sind für die nuklearmedizinische Anwendung besonders interessant — in kristalliner Form zu gewinnen.

Werden Liganden mit neutralen Donoratomen angeboten, die nicht zur formalen Ladungskompensation des Metallzentrums beitragen, erfolgt diese über die Anlagerung eines zweiten Sauerstoffatoms unter Bildung einer trans-dioxo-Gruppierung (O=Tc=O). Wir beobachten derartige Verbindungen mit Phosphinen und Aminen in *p*H-Bereichen, bei denen die deprotonierten Ligandformen vorherrschen [30].

Dioxoverbindungen wurden weiterhin mit Thiosemicarbazonen und Cyanid erhalten.

Tc(V)-Chelate sind interessante Ausgangsstrukturen für die gezielte Synthese von Technetiumkomplexverbindungen mit systematisch variierten physiko-chemischen Parametern.

Je nach der Ladung der Liganden können kationische, neutrale oder anionische Verbindungen synthetisiert werden. Durch hydrophile oder hydrophobe Substitutionen in der äußeren Molekülsphäre wird das Löslichkeitsverhalten der Technetiumkomplexe gesteuert und damit die Permeationsfähigkeit und der Ausscheidungsweg beeinflußt.

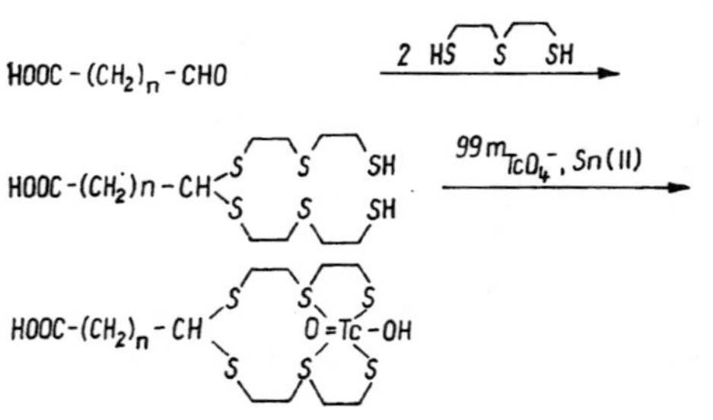

Abb. 5. Synthese von fettsäureanalogen Technetiumverbindungen

Pharmakologisch interessante Strukturen lassen sich durch Anlagerung derartiger Donorgruppen mit Technetium „markieren" und damit bioanorganische Analoge synthetisieren. In den Abbildungen sind einige moderne Beispiele für derartige Stoffe dargestellt (s. Abb. 5, 6, 7).

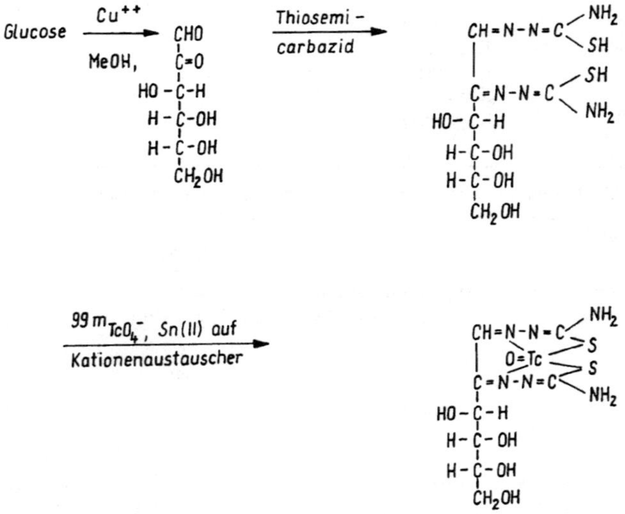

Abb. 6. Synthese glucoseanaloger Technetiumverbindungen

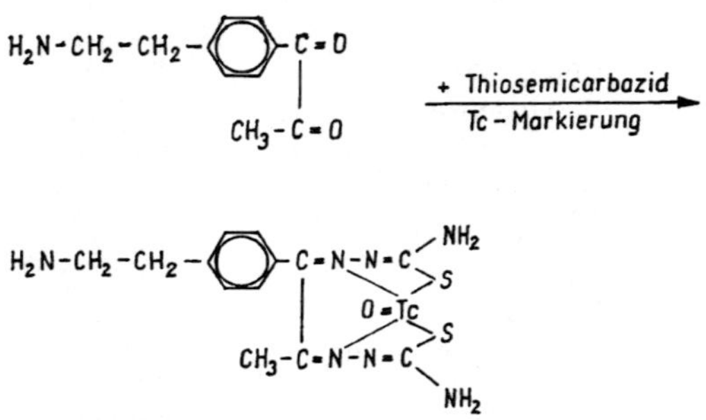

Abb. 7. Synthese einer phenylalkylaminanalogen Technetiumverbindung

So erhielt *Fritzberg* [31] durch Tioacetalbildung eines ω-Fettsäurealdehyds mit einem Thiodithiol einen Liganden, der an der Kopfgruppe neutrale Technetiumkomplexe bildet. Als Fettsäureanaloges zeigt die Substanz die erwartete Bioverteilung einschließlich der Akkumulation im Myocardgewebe. Leider konnte jedoch das erforderliche Herz/Blut-Verhältnis für eine szintigraphische Myocardabbildung nicht erreicht werden.

Eine andere Möglichkeit sind die Bisthiosemicarbazon-Verbindungen von *Yokoyama* [32, 33], von denen allerdings weder der Oxydationszustand des Technetiums noch die chemische Struktur bekannt sind.

Alle Versuche mit chemisch charakterisierbaren Technetiummengen führten bisher nur zu kondensierten Verbindungen unbekannter Zusammensetzung und Struktur. Durch Reaktion von Thiosemicarbazid mit geeigneten geminalen Dioxoverbindungen erhält man Ligandstrukturen, die unter speziellen Bedingungen (geringste Technetium- und Reduktionsmittelmengen, hoher Ligandüberschuß) zu Technetiumkomplexen führen. *Yokoyama* berichtet über die Synthese eines glucoseanalogen Technetiumkomplexes (s. Abb. 6), der beim Kaninchen 50—60 s p. i. eine maximale Aufnahme im Gehirn ergab, die jedoch durch Anästhetika unterdrückt wurde. Nach dem gleichen

Prinzip wurde eine Technetiumverbindung als bioanorganisches Modell eines Rezeptorbinders konstruiert, die sich im Herzmuskel anreichert [34] (s. Abb. 7).

Diese und weitere in den folgenden Abschnitten zu beschreibende Versuche, „bioanorganische" Technetiumkomplexverbindungen zu konstruieren, wurden kürzlich auf dem „Internationalen Symposium über Technetium in Chemie und Nuklearmedizin 1982" in Padua, auf dem alle führenden Gruppen vertreten waren, als der aussichtsreichste Weg für eine gezielte Entwicklung neuer Technetiumradiopharmaka bewertet [35]. Ich halte diese Einschätzung, die die große Spezifität der Wechselwirkung mit biologischen Strukturen simplifiziert, für zu optimistisch, da auch bei weitgehender sterischer Ähnlichkeit durch die Metallkomplexbildung bedeutende Veränderungen in der Ladungsverteilung und Polarität induziert werden. Am ehesten sind auf diesem Wege Erfolge zu erwarten, wenn die Markierung weitab von determinanten Molekülregionen gesetzt werden kann, d. h. im allgemeinen bei verhältnismäßig großen bioaktiven Molekülen, die aber meist eine so langsame Biokinetik haben, daß die erforderliche Anreicherung außerhalb der Lebenszeit der ^{99m}Tc-Präparate liegt.

2.4. *Technetium(IV)-Verbindungen*

Wie bereits erwähnt, führt die Reduktion des Technetat (VII) in protischen Lösungsmitteln bei Abwesenheit von Chelatbildnern zum $TcO_2 \times H_2O$. Auch in den nanomolaren ^{99m}Tc-Lösungen bilden sich ungeladene kolloidale Formen, wie durch elektrophoretische und radiopolarographische Untersuchungen belegt werden konnte. Der d^3-Zustand des Tc(IV) wird vorwiegend durch mehr oder minder reguläre oktaedrische Koordinationen stabilisiert. In stark saurer Lösung sind die Hexahalogentechnetate(IV) FcF_6^{--}, $TcCl_6^{--}$, $TcBr_6^{--}$ bekannt. Bereits bei mittleren Säurestärken werden diese Verbindungen hydrolysiert. In 1—3 N Halogenwasserstoffsäuren führt die Hydrolyse über die Pentahalogenohydroxo- bzw. -aquo-Verbindungen zu den sowohl elektrophoretisch als auch ionenaustausch- bzw. extraktionschromatographisch nachweisbaren TcO^{++}-Kationen [36, 37]. Bei *p*H-Werten über 1 setzt bereits die Bildung polymerer, wenig definierter Technetiumhydroxide ein [38], die nur noch in Ausnahmefällen mit Komplexbildnern reagieren. Es gelingt aber, sowohl durch Reduktion der entsprechenden Tc(V)-Verbindungen als auch durch Umsetzung mit den Hexahalogentechnetaten in Gegenwart geeigneter Chelatbildner definierte Komplexe zu erhalten. Typische Leitstrukturen sind in Abb. 8 dargestellt.

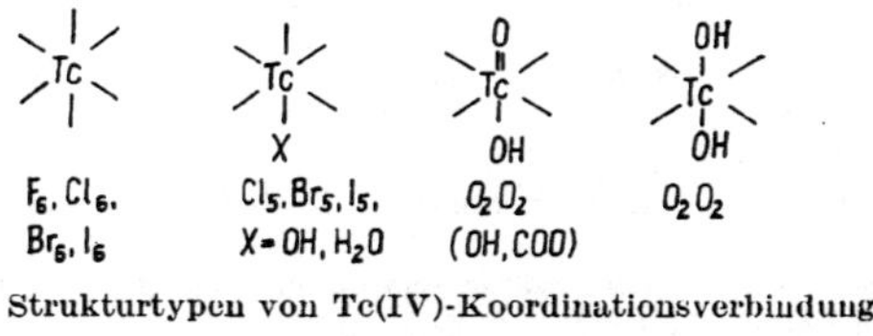

Abb. 8. Strukturtypen von Tc(IV)-Koordinationsverbindungen

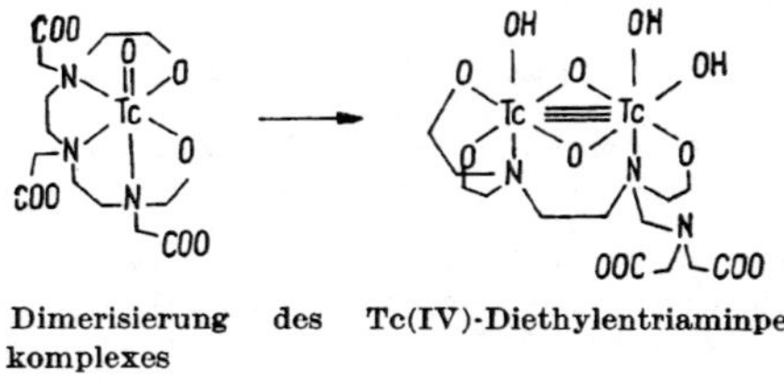

Abb. 9. Dimerisierung des Tc(IV)-Diethylentriaminpentaessigsäurekomplexes

Bei höheren Technetiumkonzentrationen tritt Oligomerisierung ein, die sich durch eine Farbvertiefung der Lösungen (rot-violett) anzeigt.

Das geschieht selbst mit Liganden (Diäthylentetraminpentaessigsäure), deren hohe Dentizität eine vollständige Abschirmung des Metallatoms erwarten läßt.

Magnetische, Kristallstruktur- und quantenchemische Untersuchungen haben gezeigt, daß die Kondensation durch zunehmende Metall-Metall-Wechselwirkungen über die weit in den Raum hineinragenden d-Orbitale der niedrigen Technetiumoxydationsstufen gefördert wird. Beim binuklearen Tc-Nitrilotriacetat- bzw. Ethylendiamintetraacetat-Komplex diskutiert man dreibindige Technetium-Technetium-Wechselwirkung [39, 40].

Unter radiopharmazeutischen Bedingungen, d. h. bei der Reduktion mit Sn(II) ist damit zu rechnen, daß Technetium(IV) auch heteronukleare Metall-Metall-Bindungen mit Sn(IV) eingeht. Möglicherweise sind die nuklearmedizinisch wichtigen osteotropen Technetiumverbindungen mit Polyphosphor- bzw. Polyphosphonsäuren Koordinationspolymere, die hauptsächlich aus entsprechenden kondensierten Sn(IV)-Phosphaten mit wenigen eingelagerten Tc(IV)-Kernen bestehen. Die Untersuchungen darüber sind noch nicht abgeschlossen.

2.5. *Technetium(III)-Verbindungen*

In wäßrigen Lösungen entstehen Technetium(III)-Verbindungen in Form der sehr leicht reoxydierbaren Pentahalogenohydroxytechnetate(III) $(TcHal_5OH)^{3-}$ bei der Reduktion der entsprechenden Hexahalogenotechnetate(IV) mit metallischem Quecksilber [41] oder durch Elektrolyse an Edelmetallelektroden in 1—3 N Halogenwasserstoffsäure. Daß diese Oxydationsstufe auch für radiopharmazeutische Bedingungen relevant ist, geht aus den Untersuchungen von *Steigman* [42] hervor. Er konnte nachweisen, daß die Reduktion des TcO_4^- mit Sn(II)-Überschuß in Gegenwart von Aminopolycarbonsäureliganden unter Verbrauch von vier Äquivalenten Reduktionsmittel pro g-atom Technetium abläuft. Bei stöchiometrischer Umsetzung bleibt die Reduktion auf der Oxydationsstufe +4 stehen.

In den Radiopharmakazubereitungen ist zumindest für eine gewisse Zeit nach dem Zusatz des Generatoreluats zum „instant kit" ein hoher Reduktionsmittelüberschuß (Sn(II)/Tc 10^3—10^4) gewährleistet. Unter diesen Bedingungen liegt das Technetium in den Radiopharmaka mit Aminopolycarbonsäureliganden wahrscheinlich in der Oxydationsstufe +3 vor. Nach Untersuchungen von *Loberg* [43] ist das Leber-Gallendiagnostikum ^{99m}Tc-HIDA das einwertige Anion eines Bis-Chelats des Tc(III) mit der 2,6-Dimethylphenylcarbamoylmethyliminodiessigsäure (Abb. 10).

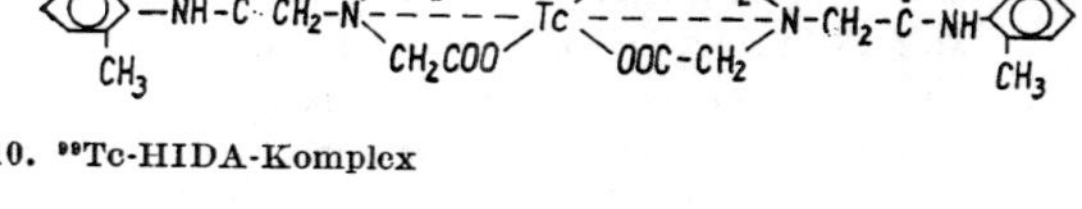

Abb. 10. ^{99}Tc-HIDA-Komplex

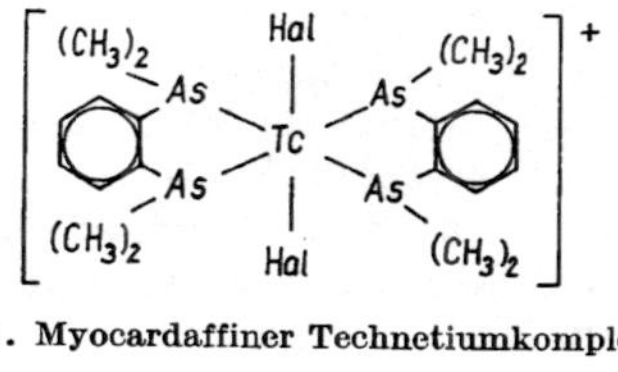

Abb. 11. Myocardaffiner Technetiumkomplex

Bei Umsetzung der Aminopolycarbonsäureliganden mit $TcBr_6^{--}$ ebenso wie bei der schrittweisen Reduktion entstehen komplizierte mehrkernige Verbindungen (Abb. 11).

Eine weitere interessante Gruppe von Tc(III)-Verbindungen sind die kürzlich in die nuklearmedizinische Testung eingeführten Komplexe mit Arsin- und Phosphin-Liganden [44–46]. Die seit längerem bekannten [47] Bis-o-phenylenbisdimethylarsinhalogenid-Komplexe, insbesondere das Chlorid und Fluoridderivat erwiesen sich als myotrop. Nach intravenöser Injektion werden diese Verbindungen im Herzmuskel angereichert. Nach den bisher vorliegenden Untersuchungen sind die Tc(III)-Verbindungen mit üblichen Elektronendonatorliganden (Aminopolycarbonsäuren, Thioharnstoff, Phosphate und Phosphonate) in wäßrigen Lösungen nur bei Ausschluß von Sauerstoff bzw. bei Reduktionsmittelüberschuß beständig. Verbindungen mit „backbonding" Liganden dagegen (Phosphine, Arsine) sind offenbar stabiler. Beide Typen von Tc(III)-Verbindungen haben die erwartete oktaedrische Koordination.

2.6. *Technetium(II)-Verbindungen*

Technetium(II)-Verbindungen wurden bisher unter radiopharmazeutischen Bedingungen nur während der Reduktion von TcO_4^- mit Arsinen und Phosphinen bei drastischeren Bedingungen beobachtet. Sie bilden Neutralkomplexe, die in wäßrigen Medien unlöslich sind und deshalb bisher keine Bedeutung für die Anwendung in der Nuklearmedizin gefunden haben.

Tab. 5. Radiopharmazeutisch relevante Komplextypen von ^{99m}Technetium-Verbindungen

Oxydationsstufe	Komplextyp	Bemerkungen
+7	TcO_4^-, Tc_2S_7	Hirn-, Schilddrüsen-, RES-diagnostik
+5	Tc(V)-Oxo-Komplexe mit Hydroxycarbonsäuren und Polyolen	anionische nierenaffine Verbindungen
	Tc(V)-Oxo-Komplexe mit Aminen und Aminosäuren	neutrale bzw. kationische Verbindungen
	Tc(V)-Oxo-Komplexe mit Dithiolen, Aminothiolen, Thiolcarbonsäuren	anionische bzw. neutrale Verbindungen. Bedeutung für chelatbildende Kopfgruppen zur Funktionalisierung von Bio- und Wirkstoffmolekülen
+4	Tc(IV)-Komplexe mit Dithiocarbon- bzw. Sulfonsäuren	anionische nierenaffine Substanzen
	Tc(IV)-Komplexe mit Polyphosphaten und Phosphonaten	anionische Koordinationspolymere, skelettaffine Substanzen
+3	Tc(III)-Komplexonate	anionische Verbindungen
	Tc(III)-Polyphosphonate	anionische skelettaffine Verbindungen
	Tc(III)-Arsine bzw. Phosphine	kationische Komplexe mit Myocardaffinität
+1	Tc(I)-cyanid-, isonitril-, isothiocyanid-Verbindungen	kationische Verbindungen teilweise myocardaffin

2.7. *Technetium(I)-Verbindungen*

Kürzlich wurde über die Synthese oktaedrischer Tc(I)-Hexakisisonitrilkomplexe durch Umsetzung der Tc(III)-Thioharnstoffverbindung mit aliphatischen Isonitrilen berichtet [48]. Die einwertigen Kationen der Isobutylisonitrilverbindung wurden selektiv im Lungen- und danach im Myocardgewebe aufgenommen [49]. In Tab. 5 sind Komplexverbindungen des Technetiums zusammengestellt, die sich bisher als Radioindikatoren in der nuklearmedizinischen in-vivo-Diagnostik bewährt haben bzw. die sich in der tierexperimentellen Testung befinden.

Eingegangen am 25. 3. 1983

Literatur

[1] *P. Richards*, Zit. in: Subramanian, G. u. a. (ed.), Radiopharmaceuticals, New York 1977

[2] *R. Münze, O. Hladik*, Sitzungsberichte der Akademie der Wissenschaften der DDR Mathematik-Naturwiss.-Technik 4, IV, 1981

[3] *R. Dreyer, R. Münze*, Isotopenpraxis **5** (1969) 296

[4] *R. Berger, B. Johannsen*, Wiss. Zeitschr. der Karl-Marx-Univ. Leipzig, Math. Naturwiss. R. **18** (1969) 635

[5] *W. C. Eckelman, P. Richards*, Nucl. Med. **10** (1971) 245

[6] *I. B. Slater, I. F. Harwig, W. Wolf*, 29th Anual Meeting of the Society of Nuclear Medicine Miami Beach, June 1982

[7] *L. Astheimer, K. Schwochau*, J. Inorg. Nucl. Chem. **38** (1976) 1131

[8] *I. B. Slater, I. B. Harwig, W. Wolf*, 4th Internat. Symp. on Radiopharmaceutical Chemistry, Jülich 23.–27. August 1982

[9] *B. Johannsen, H. Spies*, Diss. B., Techn. Universität Dresden 1980

[10] *R. Münze*, Zeitschr. f. Physikal. Chemie Leipzig **226** (1964) 415

[11] *G. Kissel, S. W. Feldberg*, J. physical. Chem. **73** (1969) 3082

[12] *E. Deutsch, W. R. Heinemann, R. Hurst, I. C. Sullivan, W. A. Mulac, S. Gordon*, J. Chem. Soc. Chem. Commun. **1978**, 1038

[13] *J. Steigman, G. Meinken, P. Richards*, Int. J. appl. Radiat. Isotopes **26** (1975) 601

[14] *R. Münze*, Radiochem. Radioanal. Letters **30** (1977) 61

[15] *J. Steigman, L. Hwang, S. Srivastava*, J. Labelled Comp. Radiopharm. **13** (1977) 160

[16] *B. V. Pamphilis, A. G. Jones, M. A. Davies, A. Davison*, J. Am. Chem. Soc. **100** (1978) 5570

[17] *A. Davison, M. Sohn, C. Orvig, A. G. Jones, M. R. Lategola*, J. Nucl. Med. **20** (1979) 641

[18] *A. R. Fritzberg, W. C. Klingensmith, W. P. Whitney, C. C. Kuni*, J. Nucl. Med. **22** (1981) 258

[19] *A. G. Jones, A. Davison, J. W. Brodack, T. E. Brehmer, J. Listerjames* u. a., 4th Internat. Symp. on Radiopharmaceutical Chemistry Jülich 23.–27. August 1982

[20] *J. R. Thornback, A. E. Theobalt*, Int. J. appl. Radiat. Isotopes **32** (1981) 833

[21] *B. Johannsen*, Int. J. appl. Radiat. Isotopes **32** (1982) 429

[22] *S. Seifert, R. Münze, B. Johannsen*, Radiochem. Radioanal. Letters **54** (1982) 153

[23] *D. Mocker, H. Hartmann*, ZfK 480 (1981) 58

[24] *J. E. Smith, E. F. Byrne, F. A. Cotton, J. C. Sekutowski*, J. Amer. Chem. Soc. **100** (1978) 5571

[25] *B. Johannsen, R. Syhre*, Radiochem. Radioanal. Letters **36** (1978) 107

[26] *R. Münze, I. Hoffmann, R, Dreyer, I. Dreyer*, J. Radioanal. Chem. **14** (1983) 63

[27] *I. Hoffmann, R. Münze, R. Dreyer, I. Dreyer*, J. Radioanal. Chem. **74** (1983) 53

[28] *W. DeKieviet*, J. Labelled Comp. Radiopharm. **18** (1981) 136

[29] *S. L. Kountz, S. N. Yeh, J. Wood, R. Cohn, J. P. Kriss*, Nature **215** (1967) 1397

[30] *E. Deutsch*, Intern. Symp. on Technetium in Chemistry and Nuclear Medicine Padua (Italien) 7.–9. Sept. 1982

[31] *A. R. Fritzberg, D. Eshima*, J. Labelled Comp. Radiopharm. **18** (1981) 52

[32] *A. Yokoyama, Y. Teranchi, K. Horiuchi* u. a., J. Nucl. Med. **17** (1976) 812

[33] *A. Yokoyama, T. Hosotani, Y. Arano, K. Horiuchi* u. a., Intern. Symp. on Technetium in Chemistry and Nuclear Medicine Padua (Italien) 7.–9. Sept. 1982

[34] *A. Yokoyama, Y. Arano, T. Hosotani* u. a., 3rd World Congress of Nuclear Medicine and Biology Paris 29. Aug.–2. Sept. 1982

[35] *L. Marzilli*, Intern. Symp. on Technetium in Chemistry and Nuclear Medicine Padua (Italien) 7.–9. Sep. 1982

[36] *B. Gorski, H. Koch*, J. Inorg. Nucl. Chem. **31** (1969) 4565
[37] *J. V. Guennec, R. Guillaumont*, Radiochem. Radioanal. Letters **13** (1973) 33
[38] *B. Noll, S. Seifert, R. Münze*, ZfK **294** (1975) 145
[39] *B. Noll, S. Seifert, R. Münze*, Radiochem. Radioanal. Letters **43** (1980) 215
[40] *H. B. Bürgi, G. G. Anderegg, P. Bläuenstein*, Inorg. Chem. **20** (1981) 3829
[41] *R. Münze*, Isotopenpraxis **11** (1975) 29
[42] *J. Steigman, G. Meinken, P. Richards*, Int. J. appl. Radiat. Isotopes **29** (1978) 613
[43] *M. D. Loberg, A. T. Fields*, Int. J. appl. Radiat. Isotopes **29** (1978) 167
[44] *E. Deutsch, K. A. Glavan, V. J. Sodd, H. Nishiyama, P. L. Ferguson*, J. Nucl. Med. **22** (1981) 897
[45] *E. Deutsch, W. Bushong, K. A. Glavan, R. C. Elder, V. J. Sodd* u. a., Science **214** (1981) 85
[46] *K. A. Glavan, J. F. Kronauge, E. Blaubaugh, R. D. Neirinckx, M. N. Eakins, M. D. Loberg*, 4th Int. Symp. on Radiopharmaceutical Chemistry Jülich 23. – 27. August 1982
[47] *J. E. Fergusson, R. S. Nyholm*, Nature (London) **183** (1953) 1039
[48] *A. G. Jones, A. Davidson, M. J. Abrams, J. W. Brodack* u. a., 4th Intern. Symp. on Radiopharmaceutical Chemistry Jülich 23. bis 27. August 1982
[49] *A. G. Jones, M. J. Abrams, A. Davison*, Intern. Symp. on Technetium in Chemistry and Nuclear Medicine Padua (Italien) 7. bis 9. Sept. 1982

Isotopenpraxis **19** (1983) 12, S. 409 bis 411

Originalarbeiten

Entwicklung der Spaltproduktproduktion im ZfK Rossendorf*)

O. Hladik, K. Jantsch, G. Wagner

(Zentralinstitut für Kernforschung Rossendorf)[1])

Es wird über die Entwicklung der Produktion von kurz- und mittellebigen Spaltproduktnukliden aus bestrahltem Kernbrennstoff berichtet. Das Hauptanwendungsgebiet dieser Spaltprodukte ist die Nuklearmedizin. Aus dem Anwendungsgebiet resultieren besondere Anforderungen an die radioaktive und radiochemische Reinheit der Produkte.

The productional development of short- and medium-lived fission products from irradiated uranium is represented. These isotopes are most widely used in nuclear medicine. Utilisation in nuclear medicine requires high radioactive and radiochemical purity of the final products.

Keywords

fission products; isotope production; radiopharmaceuticals

Die Abtrennung spezieller Spaltprodukte, die bei der Kernspaltung des Urans (^{235}U) entstehen, stellt an die chemischen Trennoperationen und den Strahlenschutz hohe Ansprüche. Die bei der Kernspaltung des Urans entstehenden Spaltprodukte, die etwa 36 Elementen (von Zink bis Holmium) zugeordnet werden können und nur in Mikrogramm- bis Milligramm-Mengen vorliegen, müssen von den Makromengen (Gramm bis mehrere hundert Gramm) Uran und anderer inaktiver Substanzen wie z.B. Aluminium getrennt werden. Nach der Trennung schließt sich in den meisten Fällen noch eine Feinreinigung an. Alle diese Operationen können wegen der hohen Radioaktivität der Uranspaltprodukte nur in geschlossenen Zellen und unter Fernbedienung durchgeführt werden.

Bei den ersten Prozeßschritten treten u. a. radioaktive Gase und flüchtige radioaktive Jodverbindungen auf. Zur sicheren Rückhaltung dieser Stoffe sind geeignete Filtersysteme und Absorberanlagen notwendig, um eine Freisetzung dieser Stoffe in die Umwelt auszuschließen. Trotz dieser Schwierigkeiten wurde im ZfK Rossendorf unmittelbar nach dem Aufbau der radiochemischen Laboratorien mit der Entwicklung von Verfahren zur Produktion von kurz- und mittellebigen Spaltprodukten begonnen. Bereits im Mai 1958 konnte das erste Patent [1] für die Isolierung von ^{132}Te aus bestrahltem Uran angemeldet werden. In den 60er Jahren spielten radioaktive Jodisotope eine dominierende Rolle in der Nuklearmedizin. Das Jodisotop ^{132}J mit einer HWZ von 2,4 h kann ökonomisch nur über die Kernspaltung [2] gewonnen werden. Es ist das Tochterisotop des ^{132}Te mit einer HWZ von 77,7 h. In der Anfangsphase wurde nach Trägerung der Uranspaltproduktlösung mit H_2TeCl_6 das ^{132}Te durch Hinzufügen eines Reduktionsmittels als metallisches Tellur ausgefällt. Durch mehrfaches Umfällen wurde das Tellur von den anderen Spaltproduktbeimengungen gereinigt. Später wurde die leichte thermische Zersetzbarkeit des TeH_2 für die Abtrennung des ^{132}Te genutzt. Das bei der salzsauren Lösung von bestrahltem Uran entstehende TeH_2 wurde in einer Heizstrecke bei ca. 700 °C thermisch gespalten und am darauffolgenden kalten Teil der Anlage das Tellur niedergeschlagen. Nach Auflösung des Tellurs in Königswasser wurde es für die Produktion von ^{132}Te-^{132}J-Generatoren eingesetzt. Jetzt wird das entstehende TeH_2 durch eine Lösung geleitet, die H_2O_2 enthält. Dabei wird TeH_2 zu Tellurit oxidiert. Bei diesem Herstellungsprozeß wird das ^{132}Te sehr sauber von den anderen Spaltprodukten abgetrennt, so daß es ohne weitere Reinigung für die Herstellung von ^{132}Te-^{132}J-Generatoren eingesetzt werden kann.

Bei der Auflösung von bestrahltem Uran wird gleichzeitig radioaktives Xenon (^{133}Xe, ^{135}Xe) freigesetzt, das aus strahlenschutztechnischen Gründen quantitativ zurückgehalten werden muß. Für diesen Zweck wurde ein Abtrennverfahren entwickelt, das auf der Adsorption des Xenons an tiefgekühlte Aktivkohle beruht. Durch gezielte Desorption konnte das Xenon gewonnen und für die Herstellung von ^{133}Xe-Präparaten (Xenongas und Xenongas

*) Dem 25jährigen Bestehen der Radioisotopenproduktion im ZfK Rossendorf gewidmet

[1]) Anschrift: 8051 Dresden, PSF 19

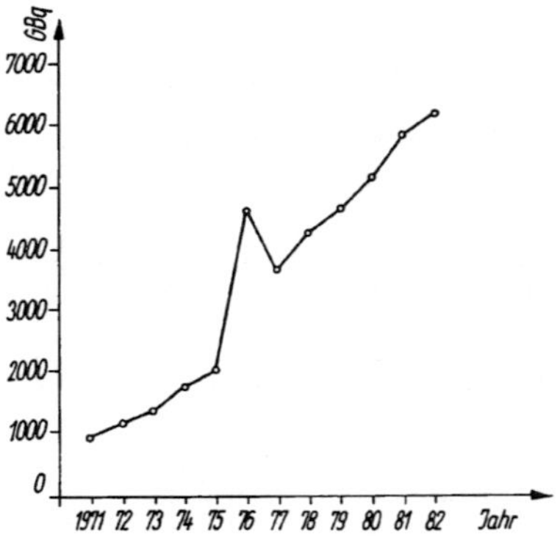

Abb. 1. Entwicklung der ^{133}Xe-Produktion (Auslieferungen in GBq/Jahr)

gelöst in isotonischer NaCl-Lsg), vor allen Dingen für medizinische Zwecke, genutzt werden. Die ausgelieferten Radioaktivitäten für den Zeitraum von 1971—1982 sind in Abb. 1 dargestellt.

Bereits 1963 begann die Nachfrage nach mittellebigen Spaltprodukten wie ^{89}Sr, ^{91}Y, ^{95}Zr, ^{95}Nb, ^{140}Ba und ^{141}Ce. Basierend auf den Erfahrungen zur Untersuchung der Mehrfachspaltung des Urans [3—7] wurde ein Trennschema zur Gewinnung dieser Spaltprodukte ausgearbeitet [8]. Damit können aus einem Ausgangstarget sowohl ^{132}Te, ^{133}Xe als auch die oben genannten Spaltprodukte abgetrennt werden.

Zur Herstellung von ^{89}Sr, ^{91}Y und ^{140}Ba wird Uranmetall im Reaktor ca. 100 h bestrahlt. Das Uranmetall wird in 10 N Salzsäure gelöst und das Uran(IV) mit konz. Salpetersäure zu Uran(VI) oxydiert. Aus der sauren Uranspaltproduktlösung extrahiert man das Uran mit einer 20%igen Tributylphosphatlösung in Tetrachloräthylen. In der wäßrigen Phase verbleiben die Alkalien, Erdalkalien, Seltenen Erden und einige andere Spaltnuklide. Die wäßrige Phase wird eingedampft und in 0,5 N HCl aufgenommen. Aus dieser Lösung adsorbiert man die Erdalkalien und Seltenen Erden an einem Kationenaustauscher (KPS). Durch fraktionierte Elution mit 0,35 N α-Oxyisobuttersäurelösung (*p*H 5,2) wird das ^{91}Y abgetrennt, anschließend werden mit 0,7 N α-Oxyisobuttersäurelösung (*p*H 5,2) die restlichen Seltenen Erden von der Säule eluiert. Die Abtrennung des ^{89}Sr erfolgt durch fraktionierte Elution mit 0,33 m Natriumzitratlösung (*p*H 5,2). Die Elution des ^{140}Ba kann anschließend mit 6 N Salzsäure oder 3 N Salpetersäure bzw. durch fraktionierte Elution mit 0,33 Natriumzitratlösung (*p*H 5,2) vorgenommen werden.

Für die Abtrennung von ^{95}Zr und ^{95}Nb verwendet man vorteilhaft salpetersaure Uranspaltproduktlösungen, die mindestens 2 Monate gelagert wurden. Die Uranspaltproduktlösung wird über eine Kieselgelsäule gegeben. Dabei werden ^{95}Zr und ^{95}Nb adsorbiert. Nach dem Waschen der Säule mit 0,5 N Salpetersäure werden beide mit 0,25 m Oxalsäure desorbiert. Zur Trennung beider Elemente wird die Oxalsäurelösung eingedampft, die Oxalsäure mit H_2O_2 zerstört und das ^{95}Zr/^{95}Nb-Gemisch in 3 N HNO_3, die 5% H_2O_2 enthält, aufgenommen. Durch Extraktion mit einer 0,02 m Dibutylphosphatlösung in Xylol werden ^{95}Zr (org. Phase) und ^{95}Nb (wäßrige Phase) getrennt.

Das radioaktive Isotop ^{99}Mo wird heute im bedeutendem Umfang für die Herstellung von ^{99}Mo-^{99m}Tc-Generatoren benötigt. Die Erzeugung von ^{99}Mo in großen Mengen ist einmal durch die Aktivierung von ^{98}Mo (häufigste Targetform MoO_3) oder durch Isolierung des ^{99}Mo aus den Kernspaltprodukten des Urans möglich. Im allgemeinen liefert die Aktivierung von ^{98}Mo im Kernreaktor nur relativ geringe spezifische ^{99}Mo-Aktivitäten, die die ^{99}Mo-^{99m}Tc-Generatorgröße limitieren. Sehr hohe spezifische Aktivitäten werden dagegen bei der Uranspaltung erreicht. Obwohl es in den 60er Jahren nicht üblich war, Produkte der Kernspaltung in größerem Umfang in der Medizin einzusetzen — ein wesentlicher Grund dafür war die damals nicht ausreichende Detektierung von Verunreinigungen mit anderen Spaltprodukten —, orientierten wir uns bereits 1963 auf die Gewinnung von ^{99}Mo aus bestrahltem Uran. Heute wird in bedeutendem Umfang Spaltmolybdän für die Herstellung der ^{99}Mo-^{99m}Tc-Generatoren verwendet. Die hauptsächlichsten Gründe dafür sind die Möglichkeiten zur Erzeugung hoher ^{99}Mo-Radioaktivitäten und die wesentlich verbesserten Reinigungsverfahren zur Abtrennung von den anderen Spaltprodukten. Für die Abtrennung des ^{99}Mo aus bestrahltem Uran sind verschiedene Methoden bekannt. Wir nutzen die starke Adsorption von Molybdat in schwachsaurer Lösung an saures Al_2O_3 [9]. Das adsorbierte ^{99}Mo wird anschließend mit NH_4OH desorbiert und weiteren Feinreinigungen unterzogen. Kontinuierlich stieg der Bedarf an ^{99}Mo-^{99m}Tc-Generatoren und damit die Nachfrage nach ^{99}Mo. Gegenwärtig ist das Tochterprodukt ^{99m}Tc ein dominierendes Radionuklid in der Nuklearmedizin. Abb. 2 zeigt die Entwicklung der Generatorproduktion im ZfK Rossendorf.

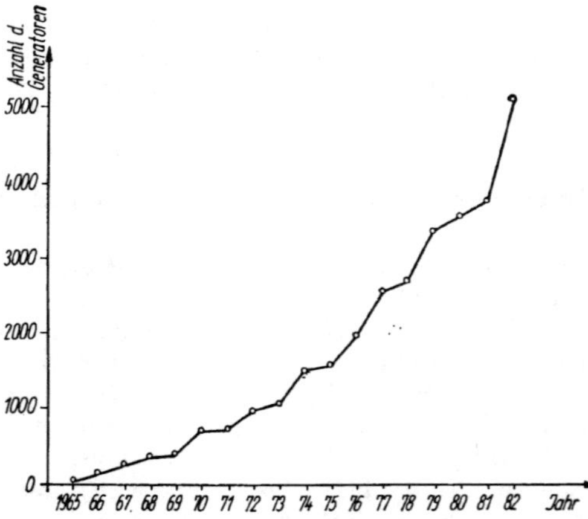

Abb. 2. Darstellung der Produktion von ^{99}Mo-^{99m}Tc-Generatoren

Nach 1970 war abzusehen, daß mit unseren damaligen Verfahren — Bestrahlung von Natururan und Aufarbeitung in einer Quarz/Glasapparatur — der steigende Bedarf an ^{99}Mo nicht mehr gedeckt werden konnte. Daher wurde 1975 begonnen, ein neues Verfahren auszuarbeiten. 1981 wurde das neue Verfahren „AMOR" (**A**nlage zur **Mo**lybdänproduktion in **R**ossendorf) in die Produktion überführt [10]. Ausgangsmaterial für dieses Verfahren sind kurzzeitig bestrahlte Kernbrennelemente, die in einer vollständig geschlossenen Metallapparatur mit HNO_3 gelöst werden. Das ^{99}Mo wird aus dieser Lösung an saures Al_2O_3 adsorbiert. Die Desorption erfolgt mit verdünntem HN_4OH. Nach weiteren Reinigungsschritten schließt sich eine trockene Destillation des $^{99}MoO_3$ bei ~900 °C an. Nach diesen Operationen wird ein ^{99}Mo mit sehr hoher radioaktiver Reinheit erhalten, das den internationalen Forderungen entspricht. Die Anlage gestattet die Isolierung des ^{99}Mo aus einen Gemisch von 1—2 PBq Spaltprodukten.

Eingegangen am 23.3.1983

Literatur

[1] DDR Patent Nr. 19375, 19. 5. 1958
[2] *R. Münze*, Kernenergie 3 (1960) 518
[3] *R. Münze, O. Hladik*, Kernenergie 5 (1962) 158
[4] *R. Münze, O. Hladik*, Kernenergie 5 (1962) 472
[5] *R. Münze, O. Hladik*, Kernenergie 5 (1962) 564
[6] *R. Münze, O. Hladik*, Kernenergie 6 (1963) 225
[7] *R. Münze, H. Grosse Ruyken, G. Wagner*, Kernenergie 12 (1969) 380
[8] *R. Münze, O. Hladik, G. Wagner*, Kernenergie 7 (1964) 502
[9] *S. El. Bayoumi, O. Hladik, R. Münze*, Isotopenpraxis 9 (1973) 13l
[10] *G. Bernhard, W. Boeßert, O. Hladik, R. Schwarzbach*, Kernenergie, Veröffentlichung in Vorbereitung

Isotopenpraxis 19 (1983) 12, S. 411 bis 418

Evaluation of Mixing of Particulate Solids by Radiotracer Method*)

J. Thýn

(Institute for Research, Production and Applications of Radionuclides, Prague)[1])

Labelling of loose powder particles is briefly discussed and four applications of radiotracer methods are mentioned:
1) Determination of homogenization time by continuous detection method;
2) evaluation of flow characteristic and of sequence of particulate solids discharging from silos;
3) evaluation of segregation of mixtures in silos;
4) evaluation of equalization stability in a continuous gravity blender.

Die Markierung loser Pulverteilchen wird diskutiert. Vier Anwendungsbeispiele für Tracer-Verfahren werden vorgestellt:
1) Ermittlung der Homogenisierungszeit durch kontinuierliche Detektion;
2) Auswertung von Durchflußcharakteristika sowie der Reihenfolge des Austritts der einzelnen Feststoffe aus den Silos;
3) Auswertung der Segregation der Gemische in den Silos;
4) Bewertung der Abgleichungsstabilität in einem kontinuierlich arbeitenden Schwerkraftmischer.

Keywords

correlation functions; flow rate; labelling; mixing; segregation; tracer techniques

0. Introduction

The relative movement of particulate solids leads to their mutual reshufle and shifting. According to the nature of this movement and according to the properties of moving particles their mixing or demixing can be observed.

For the evaluation of these processes often the radionuclide methods, and most often the radiotracing method, are applied. The radiotracers for labelling of loose powder particles may be obtained by one of the following three methods:

1) by direct activation of the component being investigated,
2) by combining of the component with a radionuclide:
   a) mechanically (e. g. by placing of radionuclide into the holes of the component);
   b) by the application on the surface (adsorption or impregnation);
   c) by the application in the "body" (diffusion),
3) by direct activation of a material that simulates the component being investigated.

The simulating — model — material has to have such physical properties to thoroughly follow the simulated component during the mixing or segregating process. These properties are: specific weight, bulk weight, particle diameter and shape, angle of slide, surface roughness, moisture content of particles and coefficient of friction. In the practice it is mostly impossible to obtain a simulating material with identical properties. The criterial relation for demixing effect was compiled by *Formanek* [1], after the experimental mixing study of twenty different solid particle materials. This relation may be applied also for proving the usefulness of simulation materials.

For a suitable simulating substance having characteristic dimension of particles d_t, weight ϱ_t, and mobility coefficient K_t and for the investigated component (having properties d_s, ϱ_s and K_s) in accordance with the above mentioned criterion, the equality

$$K_t d_t^{-1} \varrho_t^{2.14} = 1{,}03\, K_s d_s^{-1} \varrho_s^{2.14} \tag{1}$$

must be at least approximately valid. The mobility coefficient is dependent on roughness, shape divergencies, agglomerability etc.

In the case of an ideal loose material it holds true that the mobility coefficient conforms to the relation

$$k = \mathrm{tg}^2\left(\frac{90 - \alpha'}{2}\right) = \frac{1 - \sin\alpha'}{1 + \sin\alpha'} \tag{2}$$

where α'- is angle of slide.

For instance, the values of the angle of slide and of mobility coefficients K for glass "balotina" are given in Tab. 1.

In the following paragraphs four applications of radiotracer methods in the evaluation of mixing or segregation of solid particle mixture will be shown:

1) The valuation of mixing process and the determination of homogenization time by continuous detection method.
2) The evaluation of flow characteristics and of sequent of particulate solids discharging from silos.
3) The evaluation of segregation of mixtures in silos.
4) The evaluation of equalization ability in a continuous gravity blender.

---

*) Presented at the 2nd Working Meeting "Radioisotope Application and Radiation Processing in Industry", 28th September to 1st October 1982, Leipzig

[1]) 102 27 Praha 10.-Hostivař, Radiová 1

Tab. 1. Physical properties of glass balotina

Particle diameter d, mm	Angle of slide α'	Mobility coefficient K
2	19	0.51
1.6	19.5	0.50
1	21	0.47
0.5	25	0.41

1. The evaluation of mixing process and the determination of homogenization time by Continuous Detection Method (CDM) [2]

Besides mixer parameters d_i (e. g. the type, size and revolution etc.) and besides the parameters of the mixed material — m_j — (e. g. diameter, weight, composition) the homogenization time t_h, i. e. the time that mixer needs to homogenize the mixture, depends among others on the observation scale α — scale of scrutiny —, i. e. on the effective volume of samples:

$$t_h = f(d_i, m_j, \alpha) \quad (3)$$

The determination of homogenization time with the use of radiotracer method is preceded by mixing of radiotracer into the whole volume of the investigated component being batched in the mixer. After filling the mixer with the labelled component, the mixing course may be followed by one of the two methods:

1) by the measurement of samples taken in different places of the mixer in discrete time intervals;
2) by CDM-continuous detection of radiation penetrating through the mixer walls, with the use of one or more detectors.

The taking of a sufficient number of samples is laborious and in some cases in the practice very difficult.

The second method, i. e. CDM, needs considerably less of experimental work. Some disadvantage of this method is the difficult accurate determination of the effective volume of the sample V_s, namely of the observation scale $\alpha = V_s/V_0$, where V_0 is the effective volume of the equipment (the difficulties are e. g. for the contribution of equal parts of the measured volume being dependent on the distance from the detector).

The observation scale α, namely the effective measured volume V_s, is a very important indication that always has to be presented together with the measured homogenization time. The scale value is to be chosen so as to correspond to the use of the produced mixture.

For instance, fodder blends are to be produced so that all components might be contained in standardized limits in one animal meal; thus, the optimum observation scale — scale of scrutiny — is this particular amount.

In CDM the observation scale is dependent on the shape and size of collimating aperture, on absorptive properties of the measured medium, on radiotracer properties, etc.

The estimation of observation scale

The value of the observation scale α has been estimated by calculation of the volume of the space screened out by collimator for the case of distance in which the radiation attenuation ratio corresponds to 1%.

The attenuation ratio $I/I_0 = f(l)$ has been obtained from collimator response to point source of the used radionuclide, which response has been measured in different distances

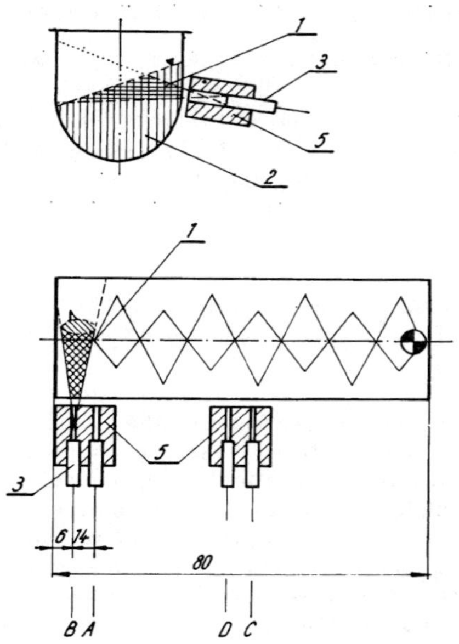

Fig. 1. Continuous detection method. Laboratory mixer for fodder blend
1 — effective volume; 2 — mixed material; 3 — scintillation detectors; 4 — input; 5 — lead screens

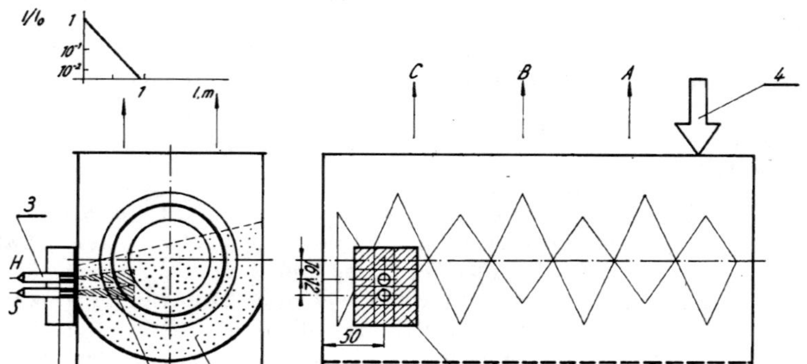

Fig. 2. Continuous detection method. Full scale mixer
1 — effective volume; 2 — mixed material: 3 — scintillation detectors; 4 — input; 5 — lead screens

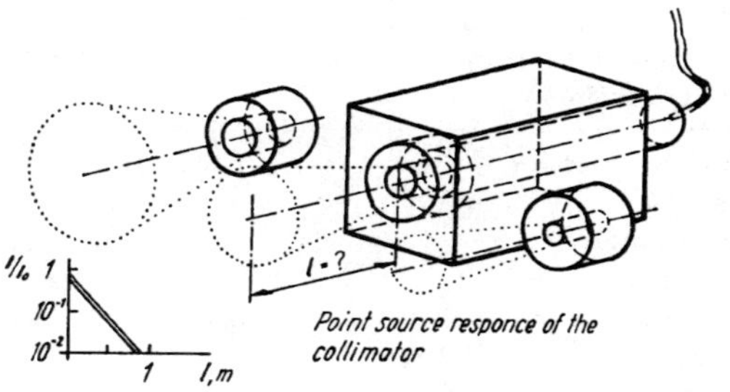

Fig. 3. The lead screen with collimating inserts

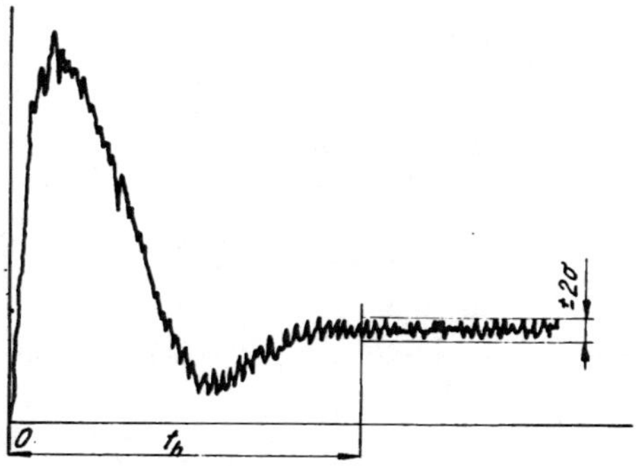

Fig. 4. Registered curve of homogenization
t_h — time of homogenisation

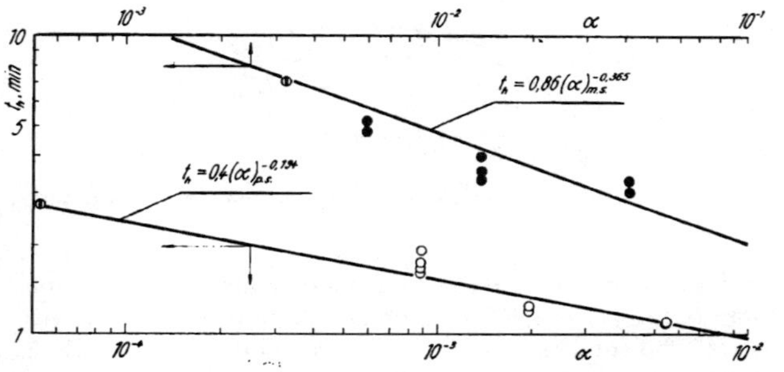

Fig. 5. Time of homogenization — t_h — as a function of the scale of scrutiny — alfa —
m. s. — laboratory mixer; p. s. — full-scale mixer

— l — inside the measured medium and in the axis of collimating cylindrical aperture.

For the evaluation of homogenization time of fodder blends in the horizontal mixer of laboratory (see Fig. 1) or operational (see Fig. 2) size, lead screens with collimating inserts shown in Fig. 3 have been used. The use of three different collimators enables the estimation of the influence of observation scale on homogenization time.

Fig. 4 illustrates an example of registered curve of radiotracer concentration and of the method of reading off the homogenization time. The dependence of homogenization time on observation scale

$$t_h = k \cdot \alpha^n \qquad \text{(when } d_i, m_j = \text{const.)} \tag{4}$$

has been obtained on the basis of many experimental measurements of homogenization time. These measurements have been carried out under the same operational conditions (d_i, m_j = const.), and at the same time constant of instruments (i. e. RC = const.), but with the use of different collimating inserts. Fig. 5 indicates the dependence obtained in a laboratory mixer (see data having the subscript "m. s.") or in a large scale operation mixer (see data having the subscript "p. s."). The experimental points corresponding to the minimum values of observation scale have been obtained by measuring the samples.

In Tab. 2 the values of constants k and n together with the most important data are summarized.

The depencence $t_h = f(\alpha)$ may be applied for the determination of homogenization time for optimum observation scale corresponding to one animal meal.

Tab. 2. Experimental conditions and measurement results

	Laboratory mixer	Operational mixer VHM-2
Stirrer revolutions r.p.m.	20	30
Mixture content G, kg	15	2000
Mixture being mixed	extracted meal	Fodder blends A-1-7
Specific weight of the mixture, kg · m⁻³	$0{\cdot}6 \cdot 10^3$	$0{\cdot}6 \cdot 10^3$
The investigated component	NaCl	$CaCO_3$
Radiotracer and its spec. activity in mCi/g	$6 \cdot 10^{-3}$	2
Sample weight, kg	0·05	0·105
Constants from the eq. (4)		
k	0·864	0·398
n	−0·365	−0·194

2. Evaluation of flow characteristics and discharging sequence of particulate solids from silos [3—5]

Particle flow characteristics during discharging are dependent on the shape of a silo and of its outlet. A wrong designed shape of a silo may be, besides the loose material properties and filling method, a cause of irregular discharging or of change of the blend quality to the worse.

The measurement with the use of radiotracers gives a valuable information about material discharge (if by mass flow or by core flow), and, if need be, about the core flow magnitude. A convenient set of experiments, in which a radiotracer labels the layers in different positions, gives information on discharging sequence; these data may be utilized for the evaluation of concentration changes of the key component during discharging.

2.1. *Evaluation of flow characteristics*

In the experiments the material, which forms the uppermost and through the whole diameter of a silo uniformly spread layer, is labelled with a radiotracer, and then the tracer concentration changes in the outlet stream of material are registered. From the concentration curve expressing the dependence of tracer concentration (plotted on y-axis) on the amount of the material being discharged (plotted on x-axis) we may estimate, if the so called "chimney" (or perpendicular channel) during the discharge occurs, through which material falls into the outlet i. e. we may estimate, if material moves by core flow and how large is the flow. If material discharges in the whole diameter and height of silo by sequential displacing, i. e. by mass flow, the labelled particles appear only close before emptying the silo; on the other hand, when a "chimney"

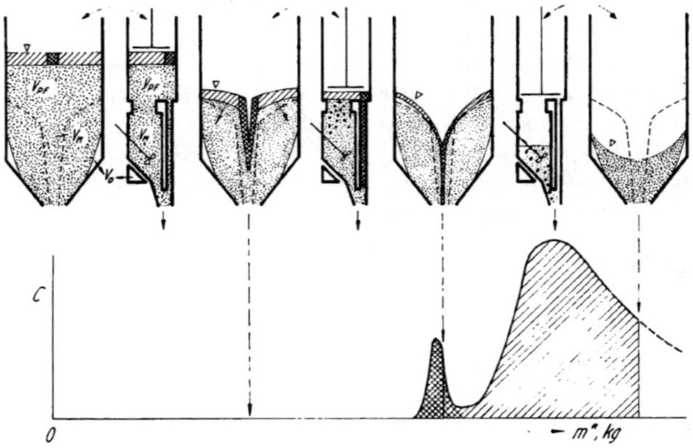

Fig. 6. The ideal displacement zone with "narrow channel"

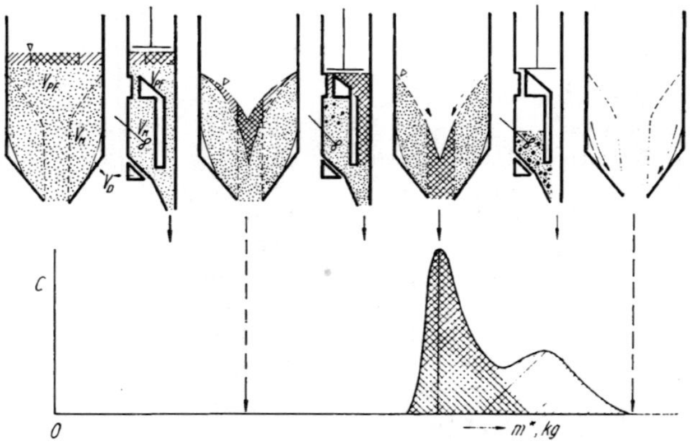

Fig. 7. The ideal displacement zone with "wide channel"

or channel is formed, the labelled particles appear just at the start of discharging.

We may assume that labelled particles are moving either in a space where they are sequentially displaced, i. e. where no mixing with other particles occurs (this space will be marked as V_{PF}/V), or in a space where mixing of labelled with unlabelled particles occurs (this space will be marked as V_M/V). The space that labelled particles never get may be marked as V_D'/V.

The size of these zones may be estimated from the position of initial or end point of the concentration curve on the x-axis.

The position of these zones (areas), i. e. their place in a silo, is shown by the shape of the concentration curve. Fig. 6 demonstrates a situation of the ideal displacement zone which is formed in the space in the upper part of silo, where labelled particles move by an "plug" flow, and in the space in the central or lower part of silo, where a relatively narrow channel or chimney with core flow originates, in which particles also move by ideal displacing. The presence of a channel may be evident as narrow by-pass flow (see Fig. 6). If in a silo an equal zone of ideal displacement is found as in the foregoing case, nevertheless the chimney i. e. the core flow is wider, then the concentration curve appears in the same place, however its shape corresponds to stronger by-pass flow (see Fig. 7). From the foregoing follows that an analysis of concentration dependence gives important information about the flow of particles from silos.

The laboratory silo with exchangeable hopper enabled to asses (from the measured values of concentration curves)

Tab. 3. The evaluation of discharging (Material properties and primary experimental conditions)

Fraction proportion	$1-3 \cdot 10^{-4}$	m
Bulk weight	1273	kgm^{-3}
Silo: diameter	$1 \cdot 10^{-1}$	m
height	$8 \cdot 10^{-1}$	m
Discharge velocity	0.4	$kg \cdot min^{-1}$
Labelling sorption of ^{113}In;		
Specific activity 0,03 mCi/g		

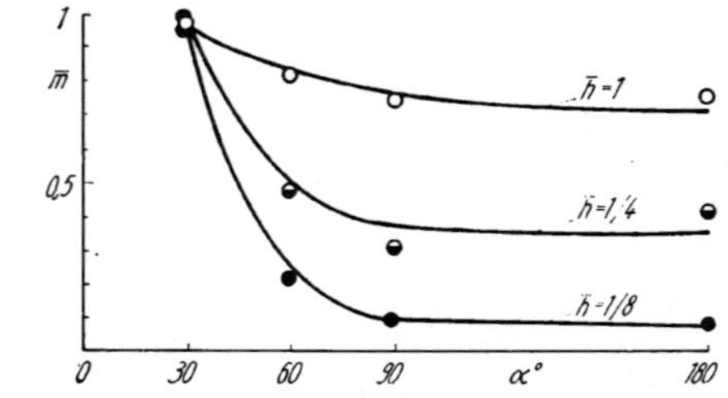

Fig. 8. The ideal displacement zone V_{PF}/V as a function of hopper included angle — alfa° —

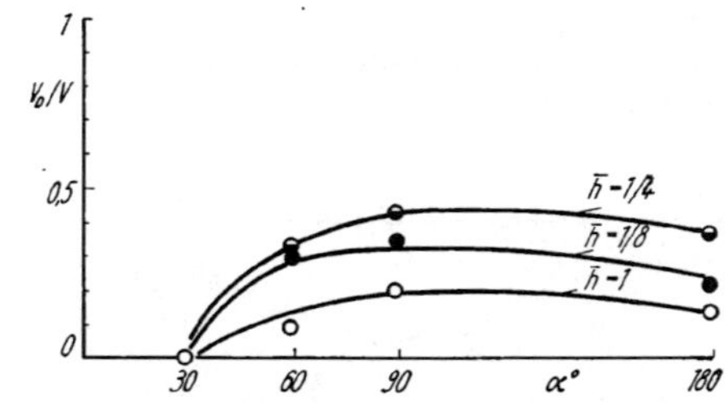

Fig. 9. The mixed zone V_M/V as a function of hopper included angle — alfa° —

the dependence of ideal displacement zone, and the zone, where mixing exists (V_M/V), on the hopper included angles occurs. The conditions of measurements are given in Tab. 3, the results are demonstrated in Fig. 8 and 9. The ideal displacement zone becoms larger with diminishing the hopper included angle whereas the mixing zone becoms larger with increasing the hopper included angle.

2.2. *The evaluation of discharging sequence*

If a series of experiments is carried out so as to locate the labelled layer into different positions in silo (as shown in Fig. 10), then it is possible from the measured concentra-

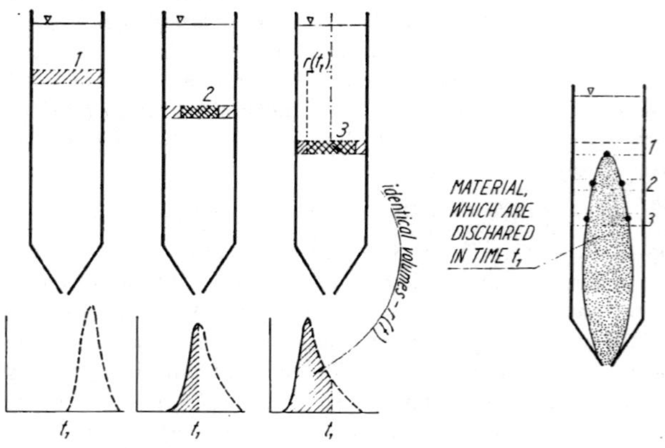

Fig. 10. The evaluation of discharging sequence of solid particles

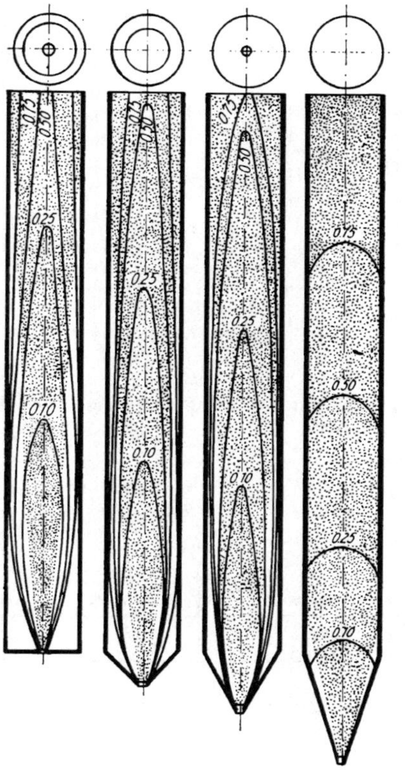

Fig. 11. The discharging sequence of solid particles from the silos

tion curves to determine which proportion of labelled material is discharged from the defined position in a defined time interval. For instance, in the time t_1 no a particle from the position 1 has been discharged, whereas from the position 2,50% of labelled particles and from the position 3 even 75% of labelled particles have been discharged. When carrying out further experiments with labelling layers in lower positions, we may obtain points giving a curve which defines particles being discharged from the silo in the time $(0 - t_1)$. If further time interval $(t_2 - t_1)$ will be chosen, we may be obtain, with the same procedure, a notion about the position (in the time of charging the silo) of particles escaping in the time interval $t_2 - t_1$.

Fig. 11 shows the discharging sequences of particles in a silo with different hopper included angle.

These sequences may be utilized for the evaluation of changes of key component concentrations in the course of discharging. E. g., if fine portions are distributed after silo charging so as to be 60% in the centre and only 10% at the wall of silo, then the greatest concentration changes are obtained in a silo having the greatest hopper included angle and minimum changes are with 30° hopper included angle (see Fig. 12).

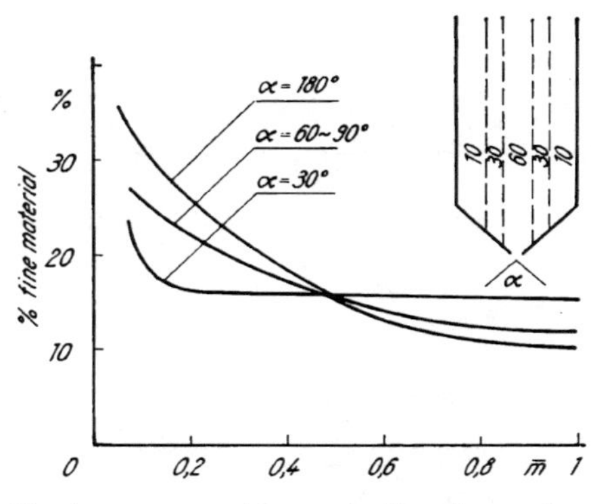

Fig. 12. The key component concentration changes in course of discharging

3. The evaluation of material segregation in silos [6, 7]

The segregation occuring in material charging and discharging is a very complicated process which is difficult to be solved theoretically even in the case of simple two-component mixtures. Therefore, the experiment is deciding in solving practical tasks. In the experiment, the concentration of one, from the point of view of producting important component is investigated. The prescribed concentration of this component in the starting material uses to be a quality parameter of the product. The concentration of this component is followed on the inlet when charging material into the silo so as on the outlet from the silo, i. e. at the discharge. The method for concentration investigations has to be sufficiently precise and timesaving. The radiotracer method meets these requirements so that the concentration on the inlet and outlet may be checked continuously; without taking of samples and by measurements through walls of the device.

The evaluation of segregation may be carried out by the two methods:

1) using significance tests,
2) using auto-correlation functions and frequency characteristic.

The method of evaluation of segregation based on significance test already has been published [8].

When discharging starts immediately after charging having been finished, and when charging required time t_p, then the charging and discharging process may be considered as a quasi-continuous process. The change of tracer concentration in time of charging $x(t)$ is thus an stimulus input function of a through-flow device, the response of which appears with a time delay equalling to filling time (i. e. to t_p) as the change of concentration in time $y(t + t_p)$.

We may suppose that in the evaluation of changing and discharging process the frequency characteristics may be used which uses to be applied in the evaluation of through-flow systems.

3.1. *The evaluation based on significance tests*

In the practice significance test between two variances (S_1^2 and S_2^2) is most often used.

If the initional concentration is stationary, then significance tests are evaluated directly from the measured data sets. In practical applications of radiotracer method, when charging and discharging of large volume of loose materials is investigated, sometimes it does not succeed to distribute the radiotracer thoroughly and uniformly, and then the concentration change shows some trend. A strong, however, does not justify the presupposition of normal distribution of data sets. Since the application of significance tests between two variances supposes at least the normal distribution of basic data sets, the so called trends, viz. the slowly changing component need be removed from the basic data sets. The digital filters, e. g. of the type "floating average", are applied for removing trends [9].

Two groups of samples are formed from the basic sets of measured data (in stationary processes) and of fast component of measured data (in the case of nonstationary processes) obtained by the measurement on the inlet and outlet. One group obtained during charging contains n_1 of substracted elements with the rate N_{1i} and with the variance of basic set σ_1^2 or with selective variance S_1^2. In the same way, the group obtained during discharging contains n_2 of substracted elements having the parameters N_{2i}, σ_2^2. When we suppose for both the sample groups that N_1 values are dispersed after *Gaussian* distribution round mean values $\overline{N}_1$, $\overline{N}_2$, then the ratio

$$S_1^2\sigma_2^2/S_2^2\sigma_1^2 = S_1^2\overline{N}_2/S_2^2\overline{N}_1 = F_{1,2} \quad (5)$$

has the F distribution (*Snedecor*'s distribution) with $n_1 - 1$ and $n_2 - 1$ steps of freedom (because when counting a sufficient number of pulses it is valid that the dispersion of basic set is equal to the mean value of the rate $\sigma^2 = \overline{N}$).

When the two groups under entirely the same conditions are measured then samples from both the groups 1 and 2 correspond in fact to the selection of one random variable, and the equation (5) is simplyfied to the relation

$$S_1^2/S_2^2 = F_{1,2}$$

3.3. *The evaluation with the aid of correlation functions*

The relation of the labelled substance concentration $y(t)$ checked during discharging to the labelled substance concentration $x(t)$ checked during charging may be expressed in the time domain or in the frequency domain. When considering $x(t)$ and $y(t)$ having a random behaviour, and after introducing auto-correlation functions R_x a R_y (transformed by *Fourier* transformation) into the frequency domain, we may obtain more elegant relations that enable the evaluation of systems on the ground of their frequency characteristics. For the stationary processes:

$$G_y(j\omega) = [F(j\omega)]^2 \cdot G_x(j\omega) \quad (6)$$

where $G_y(j\omega)$ are power spectral densities (for definitious see [9, 10]).

When it is possible to suppose that the investigated process is at least in broader sense stationary, i. e. that the mean value is constant in time and auto-correlation function is only the function of time delay τ, then the system may be evaluated with the aid of amplitude frequency characteristic, viz. of gain factor $[F(j\omega)]$.

When during charging and discharging a perfect and intensive mixing is realized, then the silo works as an equalizator, i. e. the differencies in the instant neous $y(t)$ and mean values $\overline{y}(t)$ on the outlet will be lower than similar differencies in concentrations on the inlet. From the definition of auto-correlation functions and of power spectral densities it follows that

$$[y(t) - \overline{y}(t)] < [x(t) - \overline{x}(t)] \quad (7a)$$

$$G_y(j\omega) < G_x(j\omega) \quad (7b)$$

and thus, the gain factor will have a value lower than one.

May we concern in another situation when a homogeneous mixture with strong tendency to segregation (e. g. a two component mixture having spherical particles of very different diameters) comes to the silo. The silo walls are connected to an efficient vibrator which performs a perfect segregation in the time of charging and discharging; thus, all investigated particles with greater diameter come to the upper part of the silo. The concentration of labelled particles will have zero value at the start of discharging and a value of one at the end of discharging. From the definitions

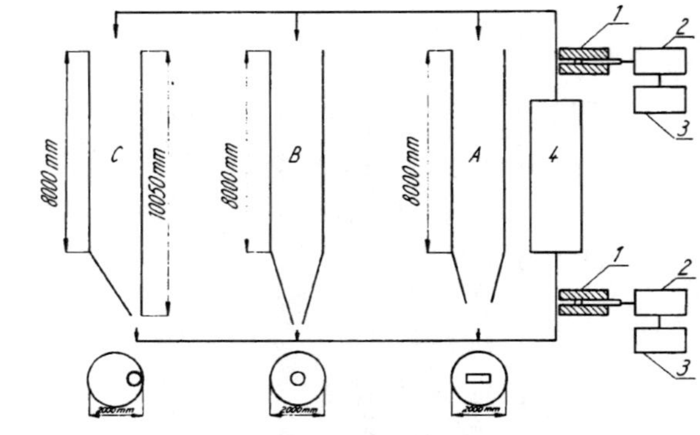

Fig. 13. The large-scale silos with different hoppers
A, B, C — silos; 1 — collimated scintillation detectors; 2 — ratemeter; 3 — registration; 4 — mixer

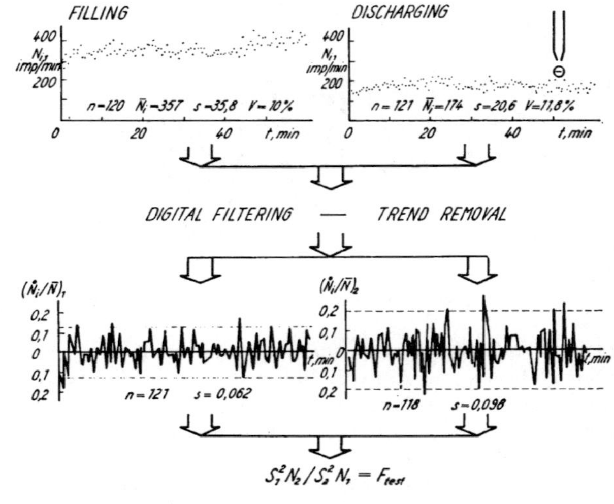

Fig. 14a. The data processing — significancy tests

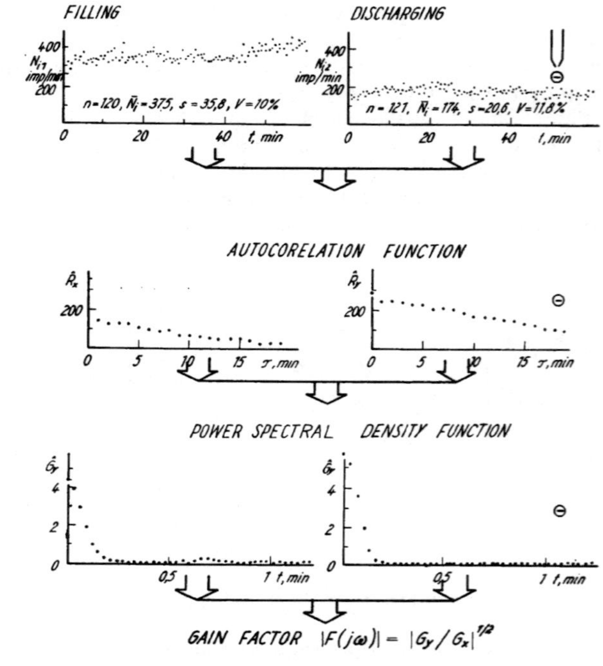

Fig. 14b. The data processing — gain factor

of auto-correlation functions and of power spectral densities it follows that the correlation function and power spectral density calculated from the inlet data are lower than the corresponding functions calculated from the discharging data, so that the gain factor is in this case greater than one.

The maximum values of auto-correlation functions (i. e. the values for $\tau = 0$) are proportional to standard deviation S, and therefore, the same conclusions are valid for the ratio of standard deviations S_y/S_x as for the gain factor.

	Segregation	Mass flow	Mixing
S_y/S_x [$F(j\omega)$]	> 1	1	<1

In a real system this two effects, i. e. segregation and mixing in the course of charging and discharging, are realized simultaneously. Whereas the ratio of standard deviations gives a summarizing evaluation of the process, the dependence of the gain factors on frequency gives a more detailed information about the charging and discharging process.

The above referred procedures have been used to the evaluation of charging and discharging of fodder blend from large-scale steel silos having three types of the lower part (hoppers), see Fig. 13. Two hoppers were conical, one with an excentric orifice, and the other with a central circular orifice. The third hopper had the outlet orifice in the shape of rectangle.

The experiments consisted in mixing of radiotracer $^{24}Na_2CO_3$ (40 mCi) in a mixer of the capacity of 13 t. The radiotracer concentration was continuously checked during charging and discharging of silos. The data processing are shown in Fig. 14. The results are summarized in Tab. 4, from which it follows that for storage of fodder blends the most convenient is a silo having a rectangular outlet orifice.

Tab. 4. Segregation in silos

Evaluation	Type of hopper		
	⊖	⊙	◔
F-test Gain factor	7,9 0,73	6,8 1,1	4,1 0,93

F — test: $F_{0.025} = 1{\cdot}6$

The detailed information about the measurements, namely about processing of the measured dependence have been published in [7].

4. The evaluation of equalization efficiency of a continuous gravity blender

In the preparation of blends there are important not only perfect blending of individual components, but also to hold the concentration of the key component in prescribed tolerances. The cause of deviations in the concentration of the key component commonly is the imperfect design of dosing devices resulting in wrong regime of their operation. In the course of production, this fluctuation may be eliminated with the aid of a device having equalization properties.

The equalization, levelling or blending capability of a continuous equipment is dependent on quality of changes in the concentration of key component at the inlet into the equipment, and further on dynamic characteristics of the equipment.

For the equalization of the key component, concentration gravity blenders of convenient design may be used which

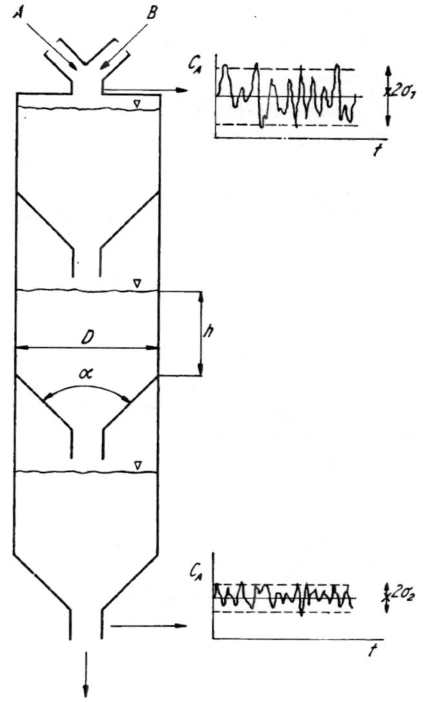

Fig. 15. The gravity blender

are formed from several hoppers placed one over another (see Fig. 15). The equalization capability, i. e. dynamic characteristics of this device are dependent on the number of hoppers, and on their construction (e. g. on the hopper included angle α of their outlet part, or on the level of filling with material — b).

Our task is to find how the equalization capability of the basic part of gravity blender, i. e. of the hopper is changed with the change of the hopper included angle α.

We may suppose after *Makarov* [12] that hopper has, like most blenders have, the transfer function $F(s)$, viz. the frequency characteristic $F(j\omega)$ in the form:

$$F(j\omega) = (1 + j\omega T_n)^{-1} \tag{8}$$

where the parameter T_n is the time constant of the object, s is *Laplace*'s operator and ω is frequency.

Tab. 5. Equalization efficiency of hoppers
Hopper, diameter: $D = 10$ cm
height $h = 10$ cm
Material: sand

Hopper included engle	T_n
180	0·49
90	0·48
60	0·13
30	0·02

The measurement of impulse response on laboratory models of hoppers and the processing of results by the method referred in [10] parameters of the frequency characteristic T_n for different the hopper included angles were found. These results and the most important parameters of the equipment are given in Tab. 5.

From the relation (3b) for the amplitude frequency characteristic (see [10]) of hoppers it follows that

$$|F(j\omega)| = (1 + \omega^2 T_n^2)^{-1/2} \tag{9}$$

When the starting concentration $x(t)$ undergoes a harmonic change, e. g. as a sinusoid with frequency ω, then amplitude frequency characteristic gives the ratio of amplitudes of the outlet y_{max} and inlet x_{max} sinusoid. This ratio determines the equalizing capability of the equipment at regular harmonic concentration changes of the key component.

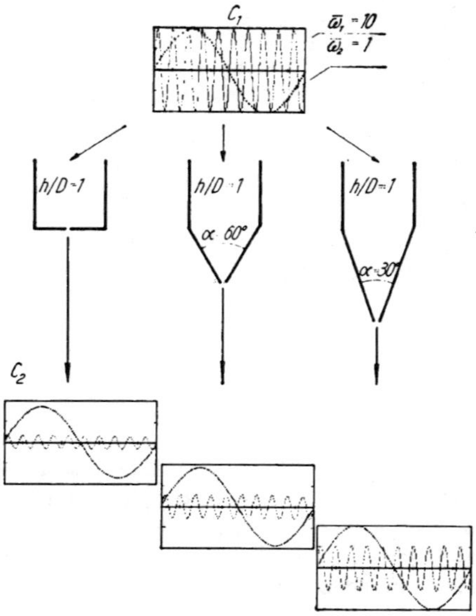

Fig. 16. The equalization capability of hopper

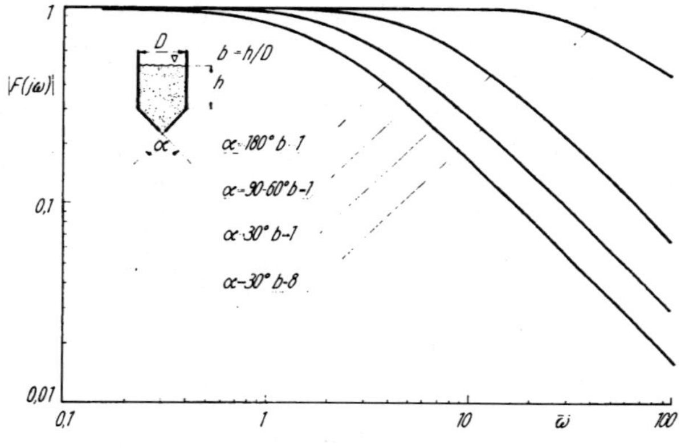

Fig. 17. The amplitude characteristic of hopper

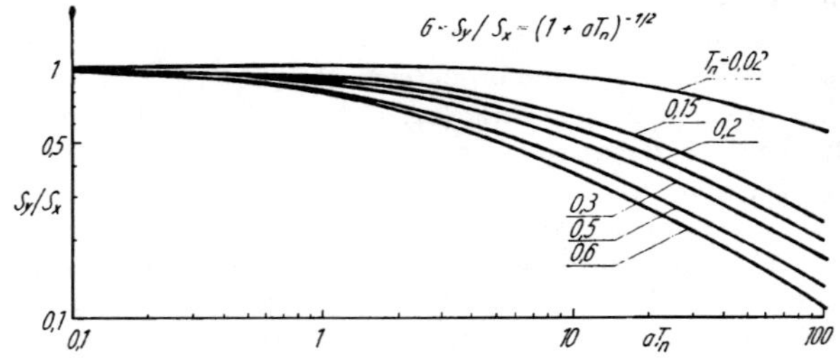

Fig. 18. The equalization capability of hopper

a — constant of autocorrelation function of input; T_n — time constant of hopper

Fig. 16 shows the equalization capability of the measured hopper for two cases of frequencies: $\omega_1 = \bar{t}/T = 10$, and $\omega_2 = 1$ (where $\bar{t}$ is mean residence time and T is period). From this figure it is evident that all hoppers are capable relatively successfully to equalize the concentration changes with higher frequency, i. e. $\omega_1 = 10$, (i. e. T is 10-times greater than $\bar{t}$), but the equalization at lower frequency $\omega_2 = 1$ is unsuccessful.

From the amplitude characteristic of hoppers shown in Fig. 17 follows that the equalizing capability of hoppers increases with increasing hopper included angle α.

When the equalization ability is given by the standard deviation ratio (see [13]) and when the input change of concentration by influence of dosing device is given by *Makarov* [12], then the hopper ability may be written as [11]:

$$S_2/S_1 = (1 + aT_n)^{-1/2} \tag{10}$$

where a is a constant characterizing the auto-correlation function of the input.

The equalizing ability of hoppers may be determined from the relation given in Fig. 18.

Received December 22, 1982
Accepted in revised form March 16, 1983

References

[1] *F. Formánek*, Dissertation. ČVUT Prague 1976
[2] *J. Thýn, B. Pechlák*, Research report R 16/4, UVVVR Prague 1979
[3] *J. Thýn, J. Novosad*, I. Chem. E. Symposium series No. 65, Birmingham, 10—13 March 1981
[4] *J. Thýn, J. Novosad*, CHISA 81, 7th International Congress Prague, 31st August to 4th September 1981
[5] *J. Thýn, L. Obraz, J. Novosad*, Radioisotopy **22** (1981) 819
[6] *J. Thýn, M. Kubin*, Service report UVVVR Prague 1976
[7] *J. Thýn, A. Havlíček*, Radioisotopy **23** (1982) No. 2
[8] *I. Bjerle, H. G. Forsberg*, Int. Conf. IAEA, Vienna 1962
[9] *J. S. Bendat, A. G. Piersol*, Random data, Analysis and Measurement Procedures, ed. by J. Wiley, New York 1971
[10] *J. Thýn*, Process Analysis with Radionuclides, Isotopenpraxis **19** (1983) 365
[11] *J. Thýn* et al., Research report R 102, UVVVR Prague 1982
[12] *J. L. Makarov*, Aparaty dlja smeschenia sypuscich materialov, ed. by Maschinostrojenije, Moskva 1973
[13] *K. Graichen*, I. Chem. E. Symposium series No. 65, Birmingham, 10—13 March 1981

Isotopenpraxis 19 (1983) 12, S. 419 bis 421

Differential Measurements in Fields of Air-Flow*)

H. Bohne

(Technische Universität Dresden, Sektion Physik)[1])

Air-condition of rooms (working rooms, school rooms, refrigerating chambers, car cabins, and so on) depends upon ventilation (flow of air, exchange of air). In praxi projects of air-condition systems are optimized by means of investigation of real flow fields. A measuring method including a mathematical model and an instrument set is evolved on behalf of an automobile manufacturing plant. It is a differential radioactive indicator method. Measured results are transition functions relative to air transport between marked cell and measured cells.

Das Raumklima (Arbeitsräume, Klassenzimmer, Kühlkammern, Fahrhäuser u. ä. m.) hängt von der Durchlüftung ab (Luftströmung, Luftaustausch). In der Praxis werden Systeme zur Raumklimatisierung durch Untersuchungen des realen Strömungsfeldes optimiert. Es wurde eine Meßmethode einschließlich eines mathematischen Modells und einer instrumentellen Bestückung im Auftrag einer Automobilfirma entwickelt. Sie stellt eine differentielle Radioindikatormethode dar. Die Meßergebnisse sind Übertragungsfunktionen, bezogen auf den Lufttransport zwischen der markierten Zelle und den gemessenen Zellen.

Keywords

flow model; measuring instruments; radioactive tracer logging; ventilation

1. A differential method for investigating the ventilation within rooms by means of a radioactive indicator is described. The problem was given by an automobile manufacturing plant. The result is presented as a unit of an instrument set (hardware) and a mathematical model (software). This method is applicable to other cases, too.

2. The principle can be represented as a flow of information through a communication chain by *Shannon* (Fig. 1). In the experiment, the information is processed as a signal by means of radioactive tracer technique. The suitable conduct of the information flow in the experiments and also the semantic interpretation of the measured results require a theoretical model.

3. The software consists in a mathematical model basing on the theory of stochastic processes, on the theory of cellular systems and on the theory of graphs. The three-dimensional field is subdivided by cells and the course of time is continuous. The stationary flow of substance is described by the system of differential equations

$$[p_k^{\cdot}(t)] = [p_j(t)]\,[A_{jk}] + [B_j x_j(t)]$$

$p_k(t)$ stands for the concentration in cell k of a signified substance quantum. A_{jk} stands for the intensity of the transmission of the substance from cell j into cell k. A_{ii} stands for the reciprocal of the mean recidence time in cell i. $A_{jk} \neq 0$ is valid for neighbouring cells only. $B_j x_j(t)$ describes the time course of marking the substance in cell j but there must not be any disturbance of the state in the flow field.

Only the observable physical quantity $p_k(t)$ is directly get-at-able for measurement. The solution of the differential equation system presents vector $[p_k(t)]$,

$$[p_k(t)] = [p_j(0)]\,[g_{jk}(t)] + [B_j x_j(t)] * [g_{jk}(t)]$$

Function $g_{jk}(t)$ characterizes the transport of the substance marked at the moment $t_0 = 0$ in cell j and arriving at cell k. $g_{jk}(t)$ is an aggregate of the exponential functions $t^q e^{at}$ and of the damped oscillations $e^{-\delta t} \sin \omega t$ and of derivatives of them. A real flow consists of a part which is passing through and of another part which is circulating.

The figured graph (Fig. 2) shows a field of flow as a purposeful example. A quantum substance marked in cell 1 in a course of time which is shaped as a δ-function comes out in a continual course of time, namely in cell 1 according to function

$$g_{11}(t) = e^{\frac{A_{11}}{f_1+1}t} + \frac{A_{11}\left(\frac{f_1}{f_1+1} - \frac{f_2}{f_2+1}\right)}{2\omega} \times$$
$$\times\, e^{-\delta t} \sin \omega t + e^{-\delta t} \cos \omega t$$

and in cell 2 according to function

$$g_{12}(t) = \frac{A_{33} - A_{11}}{A_{11}\left(\frac{1}{f_1+1} - \frac{1}{f_2+1}\right)} \left(e^{\frac{A_{11}}{f_1+1}t} - e^{\frac{A_{11}}{f_2+1}t}\right) +$$
$$+ \frac{A_{33}}{\omega} e^{-\delta t} \sin \omega t\,, \quad \text{if} \quad f_1 \neq f_2\,,$$

$$A_{22} = A_{11}\,,$$
$$\omega^2 = A_{33}^2 - \delta^2\,, \qquad \delta = -\frac{A_{11}}{2}\left(\frac{f_1}{f_1+1} + \frac{f_2}{f_2+1}\right),$$
$$f_i = \frac{A_{ii}^{\text{circ}}}{A_{ii}^{\text{pass}}}\,.$$

The part which is passing through is a *Poisson* distribution only if the mixing factors f_i are equal,

$$g_{12}(t) = (A_{33} - A_{11})\, t e^{\frac{A_{11}}{f_1+1}t} + \frac{A_{33}}{\omega} e^{-\delta t} \sin \omega t\,,$$
$$\text{if} \quad f_1 = f_2.$$

Numerical values are plotted (Fig. 3 + 4).

*) Presented at the 2nd Working Meeting "Radioisotope Application and Radiation Processing in Industry", 28th September to 1st October 1982, Leipzig

[1]) Address: DDR-8027 Dresden

Generate information
Committing to vector incidation substance by choosing cells (independence each other by series of experiments) and by choosing coures in time (δ-function)

↓

Coding information
Technical realisation signalizing substance (choosing indicator substance as to observability its amount and to flowing without aberration: Krypton-85)

↓

Induction information (signal) into field of flow
Technical realisation injection indicator (ballon containing indicator radioactivity z_j (0) bursts in cell j)

↓

Transformation information (signal) by flow in field
Process transmission substance (object under measurement)

↓

Edition information (signal) from field of flow
Technical realisation sampling (drawing off continual streamlets from cells k)

↓

Fixation information (signal)
Technical realisation storage samples (fracturing sampling streamlets by guidance through vessels in sequence of tenses t_S during T_S singly)

↓

Decoding information (signal)
Technical realisation detecting indicator amount (radiometrical counting radioactivity $z_k(t_S, T_S)_j$ in samples)

↓

Interpretation information
Evaluation and interpretation of results $z_k(t_S, T_S)_j/z_j(0)$ as to its syntactic structure (mathematical formulation) and to its semantic content (physical characterisation flow in field)

Model appropriate to method measuring field of flow

Mathematical description process transport substance by subdividing field in cells and by going time continuously (stochastic process, cellular system)

Fig. 1. Measuring method as communication chain by *Shannon*

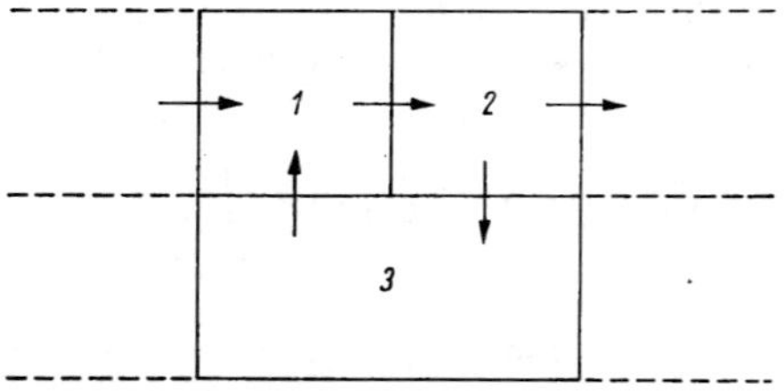

Fig. 2. Example of field of flow as graph

4. The hardware consists of a radioactive nuclide as the indicator and of an apparatus set for marking and for detecting.

Krypton-85 is applicable to indicate the gas transport in the field of flow. Its radioactive characteristic ($T_h =$ $= 10{,}3$ a; $E_{\beta\,max} = 672$ keV) guarantees observation and, in particular, the evaluation of the indicator quantum M by measuring the rate z of beta particles with a defined relation b to the radioactivity $\left|\frac{dM}{dt}\right|$,

$$z = b\left|\frac{dM}{dt}\right|, \qquad \left|\frac{dM}{dt}\right| = \frac{\ln 2}{T_h} M$$

Its behaviour as an inert gas guarantees the mapping of the gas transport without aberration.

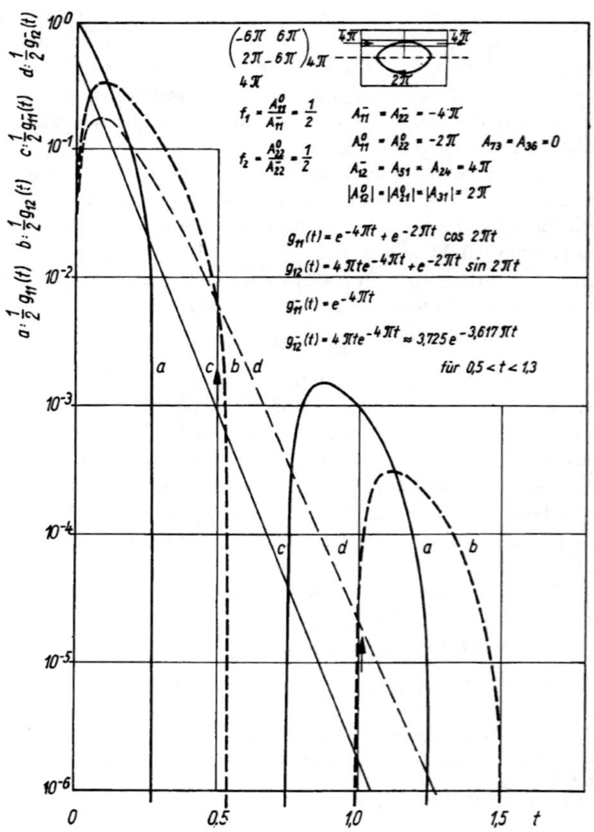

Fig. 3. Numerical example $f_2 = f_1$

Mitteilungen / Information

ACHTUNG AUSSTELLUNG !

Neuentwickelte kerntechnische Messgeraete von TESLA, Brno/CSSR, vom 12.-15. Dezember 1983 in Karl-Marx-Stadt/DDR, Str. der Nationen 25.

BERICHT UEBER NUKLEARE SICHERHEIT 1982

Die Betriebssicherheit der kommerziellen Kernkraftwerke war 1982 zufriedenstellend, meldet die IAEA. Zwar kam es wieder zu potentiell gefaehrlichen Betriebsstoerungen, die aber durch die Sicherheitssysteme neutralisiert werden konnten, womit die Wirksamkeit der Sicherheitsanlagen und -verfahren bewiesen ist.
Die Strahlenbelastung der Bevoelkerung durch Freisetzungen aus Kernkraftwerken war waehrend des normalen Betriebes minimal. Aus den vorliegenden Daten geht hervor, dass die radiologischen Umweltwirkungen der Kernindustrie - ausgedrueckt als Strahlenbelastung der Bevoelkerung pro Einheit erzeugter Energie - eine staendig fallende Tendenz zeigen. Weiter heisst es: "Die Strahlenbelastung der Bevoelkerung durch die Kernenergiegewinnung ist bis heute insgesamt geringer gewesen als die Belastung durch natuerliche Strahlungen waehrend eines einzigen Tages".
Zwei fuer den Strahlenschutz besonders wichtige Ereignisse des Jahres 1982 werden in dem Dokument hervorgehoben: die Veroeffentlichung einer revidierten Ausgabe der Grundnormen der IAEA fuer den Strahlenschutz unter Einbeziehung des von der Internationalen Kommission fuer den Strahlenschutz (ICRP) empfohlenen Systems der Dosisbegrenzung; und die Herausgabe des neuesten Berichtes des Wissenschaftlichen Ausschusses der Vereinten Nationen ueber die Wirkungen Atomarer Strahlen (UNSCEAR), der die Wirkungen des Betriebes von Kernkraftwerken und anderen Anlagen des Brennstoffkreislaufes auf der ganzen Welt eingehend begutachtet.

(IAEA-Pressekommunique 83/13)

NEUERNENNUNGEN BEI DER IAEA

Carlos Buechler (Argentinien) wird Direktor der Abteilung Standardisierung, Ausbildung und Verwaltung an der Hauptabteilung fuer Sicherheitskontrolle.

Raymond Parsick (USA) wird Direktor der Abteilung Begutachtung der Sicherheitskontrolle an der Hauptabteilung fuer Sicherheitskontrolle.

Wasilij Ferronsky (UdSSR) wird Direktor der Abteilung Forschung und Laboratorien an der Hauptabteilung fuer Forschung und Isotope.

George Githii (Kenia) wird Direktor der Publikationsabteilung an der Hauptabteilung fuer Technische Zusammenarbeit.

(IAEA-Pressekommunique 83/15)

Neues Praeparat:
PERDEUTERIERTE KOHLENWASSERSTOFFE FUER NMR-SPEKTROSKOPIE

Neben den bereits seit einiger Zeit verfuegbaren 32 perdeuterierten Kohlenwasserstoffen sind neu im Angebot:

.n-[D_{14}] Hexan (99 Atom-% D)
.n-[D_{18}] Octan (99 Atom-% D)

(Information der Isocommerz GmbH, DDR-1115 Berlin-Buch)

Neues Praeparat:
RIA-KITS ZUR NUKLEARMEDIZINISCHEN IN VITRO-DIAGNOSE

In der DDR werden zur Zeit folgende Radioreagenz- und Radioimmunreagenztests produziert: T3-RIA, T4-RIA, LH-RIA, FSH-RIA, hGH-RIA, Testosteron-RIA, Progesteron-RIA, Insulin-RIA, Thyro-Cap-Test, Thyro-Con-Test, Thyro-KT-Test (saemtlich J-125-markiert) und Co-57-Vitamin-B-12-Test. Ab 1984 wird diese Palette kontinuierlich erweitert, zunaechst durch einen J-125-Digoxin-RIA-Kit und einen J-125-Digitoxin-RIA-Kit auf Basis der Doppelantikoerpermethode.

(Information der Isocommerz GmbH, DDR-1115 Berlin-Buch)

Kurznachrichten / Newlets

Tracertechnik:
KOHLEDURCHLAUF IN GROSSKRAFTWERKEN

Kenntnisse ueber den Kohledurchlauf durch einen mit Braunkohlenstaub gefeuerten Dampferzeuger sind Voraussetzung fuer seine optimale Auslegung, Fahr- und Betriebsweise. Die mittleren Verweilzeiten der Kohle in den verschiedenen Baugruppen koennen mit den ueblichen bekannten Methoden nicht oder nur schwierig und mit grosser Unsicherheit erhalten werden. Deshalb wurde die Eignung dep tracertechnischen Methode zur Bestimmung der mittleren Verweilzeiten von Braunkohle in einem 210-MW-Block im KW Boxberg unter Betriebsbedingungen in technologisch abgegrenzten Abschnitten wie Kohlemuehle, Griessruecklauf, Kohlestaubeinblasung und Feuerraum getestet. Das Autorenkollektiv des Zentralinstituts fuer Isotopen- und Strahlenforschung der AdW der DDR, Leipzig, stellte fest, dass trotz eines Kohledurchsatzes von 60 t/h die Aktivitaet von 3,7 GBq als Lanthan-140 fuer die Messungen ausreichend ist. Die waessrige Lanthan-140-Loesung (ca. 5 l) wurde im Verlauf von 6 bzw. 12 min auf die angefoerderte Kohle getropft. Als Strahlungsdetektoren dienten Szintillationsmess-Sonden des Typs VAS-50 vom VEB Messelektronik Dresden. Aus den ermittelten, im Minutenbereich liegenden mittleren Verweilzeiten ergeben sich Aussagen ueber die verfahrenstechnischen Zusammenhaenge in den Prozess-Stufen. Der zeitliche und personelle Aufwand fuer das gesamte Experiment betrug fuer 6 Mitarbeiter 2 Tage. Das Experiment wurde ohne Beeintraechtigung des Fahrbetriebes, ohne Veraenderung an den Anlagen und unter realen Betriebsbedingungen durchgefuehrt. (Energietechnik 33 (1983) 8, 295-299)

Strahlenschutz:
STRAHLUNG UND RISIKO

Kein anderes Gebiet natuerlicher oder zivilisatorischer Belastung des Menschen kann sowohl auf einer so grossen Erkenntnisbasis fussen als auch auf so umfangreiche Vorsorge hinweisen wie der Strahlenschutz. Es wird gezeigt, dass die derzeitige Gesundheitsgefaehrdung der Bevoelkerung der BRD durch ionisierende Strahlung unter anderem deshalb auch nur einen kleinen Bruchteil des zivilisatorischen Risikos ausmacht. Berechneter Verlust an Lebenserwartung infolge des Strahlenkrebsrisikos durch die mittlere natuerliche und medizinische Strahlenexposition der Bevoelkerung liegt bei etwa 10 Tagen. Dieser Wert ist um eine Zehnerprozent kleiner als der Verlust an Lebenserwartung durch toedliche Unfaelle im Verkehr und zu Hause. Der Verlust infolge einer langzeitigen beruflichen Strahlenexposition mit einer effektiven Aequivalentdosis von 5 mSv pro Jahr ist etwa halb so gross wie der, der sich aus der beobachteten Haeufigkeit toedlicher Berufsunfaelle ergibt. Der Beitrag

durch die Emission radioaktiver Stoffe aus Anlagen zur Stromerzeugung ist <0,1 Tag. Entscheidend fuer die Akzeptierbarkeit der Kernenergie ist das verbleibende Restrisiko fuer Unfaelle, bislang fehlen jedoch klare, quantitative Kriterien fuer die Bewertung von Restrisiken.
Fragen der beruflichen Strahlenexposition sollten in Zukunft mehr beachtet werden. Das gilt z.B. fuer Bergarbeiter in Gruben mit hohem Radongehalt. Diese Arbeiter gehoeren heute noch zu der Personengruppe mit der hoechsten beruflichen Strahlenexposition. Um eine Verminderung der Strahlenexposition der Patienten zu erreichen, ist der Strahlenschutz in der Roentgendiagnostik zu optimieren. Hierdurch koennte mit geringem Aufwand die Kollektivdosis der Bevoelkerung wesentlich herabgesetzt werden.
(atomwirtschaft, Mai 1983, S. 238-248)

Safeguards:
UEBERWACHUNG VON KERNMATERIAL

Nach einem Bericht ueber das Internationale Symposium der IAEA ueber die Weiterentwicklung von Safeguards vom 8.-12.11.82 in Wien haben sich die Fortschritte der internationalen Kernmaterialueberwachung ueberwiegend in technischen Details vollzogen, die sich sowohl auf die Vielzahl ueberwachter Anlagen als auch auf neue kommerzielle Anlagen des Brennstoffkreislaufs beziehen. Hinsichtlich der Wiederaufbereitungsanlagen besteht die uebereinstimmende Auffassung, dass die Quasi-Echtzeitbilanzierung unter Einschluss der noetigen statistischen sowie Messmethoden eine ueberragende Bedeutung gewinnen wird. Bei der Ueberwachung von Anreicherungsanlagen liegt die Problematik mehr in der rechtzeitigen Entdeckung einer Anreicherung, die hoeher als deklariert ist. Bei der Sicherstellung der Integritaet von LWR-Brennelementen gilt es, ein funktionstuechtiges, in situ verifizierbares Siegelsystem bereitzustellen. Safeguard-relevante Daten grenzueberschreitend fernzuuebertragen, stoesst noch immer auf politische Hindernisse. Konzepte fuer elektronische Siegel wurden in Japan und der BRD entwickelt. Erstmals wurde auch die Problematik des fuel cycle oriented approach staerker in die Diskussion gebracht. Eine Selbstkontrolle multinationaler Anlagenbetreiber koennte eine Reduzierung der Inspektionsanstrengungen ermoeglichen. Voraussichtlich in 4 Jahren, also Ende 1986, wird man wieder Bilanz ziehen, hoffentlich dann mit Beteiligung der USA.
(atomwirtschaft, Mai 1983, S. 263-264)

Strahlenexposition:
STRAHLENBELASTUNG DURCH KERNKRAFTWERKE

Die Gesellschaft fuer Strahlen- und Umweltforschung mbH, Neuherberg/BRD, gibt hochgerechnete Messdaten des Bundesgesundheitsamtes ueber Beitraege der Strahlenbelastung durch Kernkraftwerke der BRD bekannt:
Im unguenstigsten Falle werden 0,04-2 mrem/Jahr erreicht. Demgegenueber betraegt die natuerliche Strahlenbelastung in der BRD 100-150 mrem/Jahr zuzueglich weiterer 100-150 mrem/Jahr pro Kopf der Bevoelkerung durch die medizinische Anwendung ionisierender Strahlung.
(Deutsche medizinische Wochenschrift 27/83, S. 1078)

Autoradiographie:
BILDGEBENDE MESSVERFAHREN IN DER HIRNFORSCHUNG

Physiologie, Morphologie und Biochemie des Hirns lassen sich gleichzeitig erfassen, wenn man nach vorangegangenen Markierungsexperimenten histologische Schnitte von Rattenhirnen durch Rechner-gesteuerte Bildanalyse von Autoradiogrammen auswertet. So konnten neben Hirninfarkten (aus Durchblutungsmessungen) auch Hirntumore (aus dem regionalen Glucoseverbrauch; Desoxyglucose-Methode), die Topographie der Eiweiss-Synthese im Hirn und Hirnoedeme dargestellt werden.
(Hossmann, K.-A., Umschau 14/15, 1983)

Radiologie:
OPTIMIERTE BESTRAHLUNG DURCH ROBOTRON DOPSY

Die komplizierte Anatomie des menschlichen Koerpers verlangt vor Beginn einer Strahlentherapie zuverlaessige Daten, um fuer jeden Kranken das geeignete Bestrahlungsregime durchzufuehren, das Tumorzellen vollstaendig zerstoert und gesundes Gewebe moeglichst schont. In Zusammenarbeit zwischen dem Zentralinstitut fuer Krebsforschung der AdW der DDR und dem VEB Kombinat Robotron wurde das Bestrahlungsplanungssystem DOPSY entwickelt. DOPSY speichert die computertomographisch gewonnenen Patientendaten und erlaubt einen Dialog mit dem Rechner in natuerlicher Sprache, woraufhin die optimale Dosisverteilung bei der gewaehlten Bestrahlungstechnik (Co-60-Strahlung, Quanten bis 42 MeV, Elektronen bis 42 MeV, Neutronen) auf einem Farbmonitor dargestellt wird.
(Matschke, S., Spectrum <u>14</u> (83) 5, S. 8-9

Ausbildung:
SEMINAR N-15-ANWENDUNG IN DER MEDIZIN

Gemeinsam vom Zentralinstitut fuer Isotopen- und Strahlenforschung Leipzig der AdW, dem Ernaehrungswissenschaftlichen Zentrum der Karl-Marx-Universitaet Leipzig und dem Bezirkskrankenhaus St. Georg Leipzig wurde vom 20.-23. September 1983 in Leipzig ein Weiterbildungsseminar mit internationaler Beteiligung durchgefuehrt. Die Aerzte wurden mit isotopenanalytischen Messungen, Berechnungsmethoden sowie mit Operationsmethoden unter N-15-Anwendung vertraut gemacht.

Umweltschutz:
Cs-137-KLAERSCHLAMMHYGIENISIERUNGSANLAGE IN ALBUQUERQUE

Die Stadtverwaltung von Albuquerque im amerikanischen Bundesstaat New Mexico gab am 7.2. 1983 gruenes Licht fuer eine 18-Mio-Dollar-Anlage zur Sterilisierung von Klaerschlamm durch Gamma-Bestrahlung mit Cs-137. Es soll sich um die erste solche Anlage auf der Welt handeln. Das Cs-137 stammt aus der Wiederaufarbeitung bestrahlter Reaktor-Brennelemente. Das der Anlage zugrunde liegende Verfahren wurde von den Sandia National Laboratories in den vergangenen acht Jahren entwickelt. Die Environmental Protection Agency (EPA) hat die Klaerschlammbestrahlung als sicheren Prozess beurteilt, besonders im Vergleich zur Kompostierung, zur Waermebehandlung und zu anderen heute verwendeten Verfahren. Es koennen noch moegliche Subventionskuerzungen das Projekt verzoegern, doch ist die Stadtverwaltung zuversichtlich, die Anlage in Betrieb nehmen zu koennen, bevor in der jetzigen Klaerschlammbehandlungsanlage ernsthafte Engpaesse entstehen. (SVA-Bulletin 9/10, 1983)

Nuklearmedizin:
HIRNFUNKTIONSDIAGNOSTIK MIT POSITRONEN-EMISSIONS-TOMOGRAPHIE

Das Eidgenoessische Institut fuer Reaktorforschung (EIR) und das Schweizerische Institut fuer Nuklearforschung (SIN) haben gemeinsam am 15. April 1983 im Schloss Boettstein ein Kolloquium veranstaltet mit dem zentralen Thema "Fluor-18 - Stand und Zukunft".
Es wurde dort gezeigt, dass man seit neuestem Hirnfunktionen praezise darstellen kann durch in-vivo-Messung der regionalen Stoffwechselverteilung mit Hilfe der Positronen-Emissions-Tomographie nach Applikation F-18-markierter

Glucosederivate.
Die entscheidenden messtechnischen Vorteile des Positronenemitters F-18 muss man sich jedoch erkaufen: Die relativ kurze Halbwertzeit von 110 Minuten verlangt die Anwendung schneller, zum Teil exotischer Syntheseverfahren ebenso wie enge Beschraenkungen in der Vertriebslogistik. So sollten im Idealfall Teilchenbeschleuniger, die chemischen Produktions- und Qualitaetskontroll-Labors sowie der Positronen-Emissions-Tomograph an ein und demselben Ort stehen. In der Schweiz laesst sich dies zur Zeit in idealer Weise am EIR/SIN realisieren. Beide Institute sind sich dieser Verpflichtung bewusst und moechten ein Nationales Zentrum fuer Anwendungen von Positronenstrahlern in den Biowissenschaften ins Leben rufen. Dies wuerde Zusammenarbeit am Ort mit nuklearmedizinischen Kliniken, mit Hochschulen und der einschlaegigen Industrie einschliessen. Fuer die Schweiz wuerde das die Teilnahme an einem faszinierenden Gebiet der biochemischen und medizinischen Grundlagenforschung bedeuten, jedoch auch ein verantwortungsvoller Dienst am kranken Menschen. (SVA-Bulletin 11, 1983)

Dekontamination:
KONTAMINATIONS-ZWISCHENFALL IM HOTLABOR

Am Spaetnachmittag des 24. Mai 1983 ereignete sich im Radiochemietrakt des Hotlabor-Gebaeudes des Eidgenoessischen Instituts fuer Reaktorforschung (EIR) in Wuerenlingen ein Kontaminationszwischenfall. Beim Eindampfen einer kleinen Menge transuranhaltiger Loesung im Rahmen von Forschungs- und Entwicklungsarbeiten kam es zu einer Ueberhitzung mit nachfolgender Verpuffung. Die Verdampfungseinrichtung ist in einer Handschuhbox eingebaut, die beschaedigt wurde, wodurch Radioaktivitaet in den Laborraum austrat. Zwei dort taetige Mitarbeiter blieben unverletzt, wurden aber an Haut und Kleidern kontaminiert. Dank der Sicherheitseinrichtungen gelangte keine Radioaktivitaet in die Umwelt. Die betroffenen Mitarbeiter und das fuer Sofortmassnahmen eingesetzte Personal konnten erfolgreich dekontaminiert und anschliessend nach Hause entlassen werden. Der Gebaeudeteil wird in einigen Tagen wieder in Betrieb genommen.
(SV-Bulletin 12, 1983)

Kernkraftwerke:
FRANKREICH WILL STROMEXPORTEUR WERDEN

Anlaesslich der Generalversammlung der "European Nuclear Society" im Mai 1983 in Cadarache hat der neue "Directeur de l'Energie et de Matieres Premieres", M. Syrota, die neue franzoesische Energiepolitik dargelegt, wobei er besonders auf die Kernenergie einging.
Auch im Rahmen der sozialistischen Energiepolitik kommt der Kernenergie eine Schluesselrolle zu. Mit den sechs neuen Kernkraftwerks-Einheiten, welche die Regierung 1982 und 1983 bewilligt hat, wuerden 1990 insgesamt 58 nukleare Bloecke in Betrieb stehen. Diese wuerden dann mit rund 30% zum franzoesischen Energieverbrauch beitragen, d.h. gleichviel wie das Erdoel. Die nukleare Kapazitaet werde von heute 23000 MW auf 57000 bis 60000 MW im Jahre 1990 ansteigen, was praktisch einer Verdreifachung gleichkomme. Der Anteil des Nuklearstroms an der gesamten Elektrizitaetserzeugung werde in jenem Zeitpunkt 75-80% erreichen, gegenueber 19-22% fuer die Wasserkraft, 2-4% fuer die Kohle und 1-1,5% fuer Erdoel und Erdgas. Aus diesen Zahlen sei zu ersehen, dass der Zubau neuer Kernkraftwerke fuer die Inbetriebnahme nach 1990 langsamer vor sich gehen werde als in der Vergangenheit und weitgehend von Wachstumsprognosen abhaenge. Diese Situation erlaubt es Frankreich aber auch, Elektrizitaet zu exportieren. Das franzoesische Nuklearprogramm wird also kuenftig sowohl von den Exportmoeglichkeiten fuer Kernkraftwerke als auch von Elektrizitaetslieferungen ins Ausland beeinflusst. Wie andere Laender Gas oder Erdoel exportieren, so kann jetzt Frankreich zu einem Stromexporteur werden. Das Land hat dabei den Vorteil, dass der Kilowattstundenpreis seiner Kernkraftwerke weit unter dem Stromgestehungspreis von mit fossilen Brennstoffen befeuerten Kraftwerken liege. (SVA-Bulletin 13/1983)

Ankündigungen / Announcements

RADIOACTIVE AND STABLE ISOTOPES, PHOSPHORS, GASES
Catalogue of Isocommerz-GmbH, DDR-1115 Berlin Lindenberger Weg 70, 1984 (on the occasion of "20 Years Isocommerz")

Veröffentlichungen / Publications

NUKLEARMEDIZINISCHE SYMPOSIEN REINHARDSBRUNN 1970-1982, REGISTER
Isocommerz, Berlin 1983, 206 S.

N-15-EXPERIMENTS IN FERTILIZATION RESEARCH
Krumbiegel, P.; Bornhak, H.
Isocommerz, Berlin 1983, 50 S.
(Anwendung von Isotopen und Kernstrahlung in Wissenschaft und Technik; 13)

UNITED KINGDOM ATOMIC ENERGY AUTHORITY:

AERE-Bib 202

List of unclassified documents by the staff of Metallurgy Division, AERE-Harwell from August 1980 to July 1982. -
January, 1983, 18 pp.
Winkless, M.S.

AERE-M 3310

Alterations to the computer program E-DEP-1 to include different nuclear stopping power data - March, 1983, 7 pp.
Matthews, M.D.

AERE-R 10460 MDPLOT

A computer graphics program for the rapid analysis of results from the Harwell molecular dynamics code MOLDY -
January, 1983, 24 pp.
Matthews, M.D.

AERE-R 10494 (Rev. 1)

Chemical data for the calculation of fission product releases in design basis faults in PWRs -
February, 1983, 151 pp.
Bawden, R.J., et al.

AERE-R 10738

Contamination of divers with crude oils: Safety assessment -
February, 1983, 50 pp.
Stevens, C., et al.

AERE-R 10760

Calculation of fluid flows using finite differences and the method of co-ordinate transformations. 1. Laminar flow through a smooth expansion using an orthogonal transformation -
January, 1983, 24 pp.
Porter, J.D., et al.

AERE-R 10836

Permeability measurements in crystalline rocks and sandstone -
January, 1983, 15 pp.
Bradbury, M.H.

ETSU-R 14
Contribution of renewable energy technologies to future energy requirements - January, 1983, 89 pp.

AERE-R 6463

The solubility of uranium dioxide in fluoride melts - February, 1983, 20 pp.
Greenfield, B.F., et al.

AERE-R 10639

The use of organic materials for the immobilisation of intermediate level radioactive wastes - March, 1983, 70 pp.
Johnson, D.I., et al.

AERE-R 10667

A proposal for a laboratory-scale migration experiment - April, 1983, 25 pp.
Bradbury, M.H., et al.

AERE-R 10782

A discussion of leach test procedures relevant to the evaluation of low and intermediate level waste forms - May, 1983, 18 pp.
Rees, J.H.

AERE-R 10798

A surface analytical study of SYNROC subjected to hydrothermal attack - March, 1983, 18 pp.
Myhra, S., et al.

AERE-R 10821

The Pb-210 technique for dating sediments, and some applications - March, 1983, 22 pp.
Eakins, J.D.

AERE-R 10846

Permeation of gases through solids 3. An assessment of measurements of the steady state permeability of H and its isotopes through Ni and through several high Ni commercial alloys and steels. - March, 1983, 35 pp.
LeClaire, A.D.

AERE-R 10856

Phenomena in pool boiling of binary mixtures - April, 1983, 26 pp.
Mikic, B.B., et al.

AERE-PR/EMS 9

Environmental and medical sciences division progress report January-December, 1981 - February, 1983, 194 pp.
Cox, R.A., et al.

CLM-R 237

Project planning from simple networks to processing by computer - January, 1983, 70 pp.
Hunt, R.R.

ND-R-463 (S)

The auger spectra of lithium metal & 'oxidised lithium' - May, 1983, 22pp.
Ferguson, I.F., et al.

Veranstaltungskalender — Tagungen — Lehrgänge / Calendar — Meetings — Courses

NUCLEX 84 FINDET NICHT STATT

Nach Kontakten mit diversen Ausstellergruppen hat sich die Schweizer Mustermesse aufgrund der zur Zeit bestehenden Marktlage in der Nuklear-Industrie entschlossen, die NUCLEX 84, Internationale Fachmesse und Fachtagungen fuer die kerntechnische Industrie, die fuer die Zeit vom 9. bis 12. Oktober 1984 geplant war, nicht durchzufuehren. Sollten sich die Marktverhaeltnisse aendern, wuerde die Schweizer Mustermesse die Durchfuehrung der NUCLEX oder einer Veranstaltung mit aehnlicher Thematik erneut pruefen (Presseinformation).

MEETINGS ON ATOMIC ENERGY
<u>15 (1983) 3, p. 87-98</u>
(with addresses for enquiries)

International Workshop on HYPERFINE INTERACTIONS (16-25 Jan, KANPUR/India)

4th Symposium on ATOMIC AND SURFACE PHYSICS (29 Jan - 4 Feb, HINTERMOOS, Austria)

Seminar on SITE INVESTIGATION AND ASSESSMENT METHODS & TECHNIQUES FOR UNDERGROUND DISPOSAL OF RADIOACTIVE WASTES(6-10 Feb, SOFIA/Bulgaria)

International Conference on APPLICATIONS OF RADIATION AND RADIOISOTOPES IN INDUSTRIAL DEVELOPMENT (1-3 Mar, BOMBAY/India)

Seminar on PRACTICAL EXPERIENCE IN THE APPLICATION OF QUALITY CONTROL IN WATER REACTOR FUEL FABRICATION (12-12Mar, KARLSRUHE/F.R. Germany)

4th International Symposium on HEATING IN TOROIDAL PLASMAS (of the Joint Varenna-Grenoble series) (21-28 Mar, ROME/Italy)

6th European Conference on SURFACE SCIENCE (ECOSS-6) (1-4 Apr, YORK, UK)

5th Internat.Conference on NUCLEAR METHODS IN ENVIRONMENTAL AND ENERGY RESEARCH (2-6 Apr, MAYAGUEZ/Puerto Rico, USA)

International Symposium on THE RISKS AND BENEFITS OF ENERGY SYSTEMS (9-13 Apr, JUELICH/F.R. Germany)

6th International Colloquium on RADIOIMMUNOLOGY and Exhibition (12-14 Apr, LYONS/France)

International Symposium on IN-BEAM NUCLEAR SPECTROSCOPY (14-18 May, DEBRECEN/Hungary)

Seminar on DIAGNOSIS AND RESPONSE IN ABNORMAL OCCURRENCES AT NUCLEAR POWER PLANTS (14-18 May, VIENNA/Austria)

7th Conference of the INTERNATIONAL SOCIETY OF RADIOGRAPHERS AND RADIOLOGICAL TECHNICIANS (2-6 Jun, EASTBOURNE/Sussex, UK)

12th International Symposium on EFFECTS OF RADIATION ON MATERIALS (18-20 Jun, WILLIAMSBURG/Virginia, USA)

Internat. Symposium on NUCLEAR POWER PLANTS OUTAGE EXPERIENCE (18-22 Jun, Karlsruhe/F.R. Germany)

7th Internat. Wroclaw Symposium on ELECTROMAGNETIC COMPATIBILITY and Exhibition (26-28 Jun, WROCLAW/Poland)

Ausgewählte Beiträge / Recently published papers

<u>NATURWISSENSCHAFTEN 70 (1983) 5, 224-234</u>

Radioaktivitaet in Waessern und Strahlenbelastung
Koenig, L.A.

<u>ANGEWANDTE CHEMIE 95 (1983) 5, 381-411</u>

Moderne Pulsfolgen in der hochaufloesenden NMR-Spektroskopie
Benn, R. u. Guenther, H.

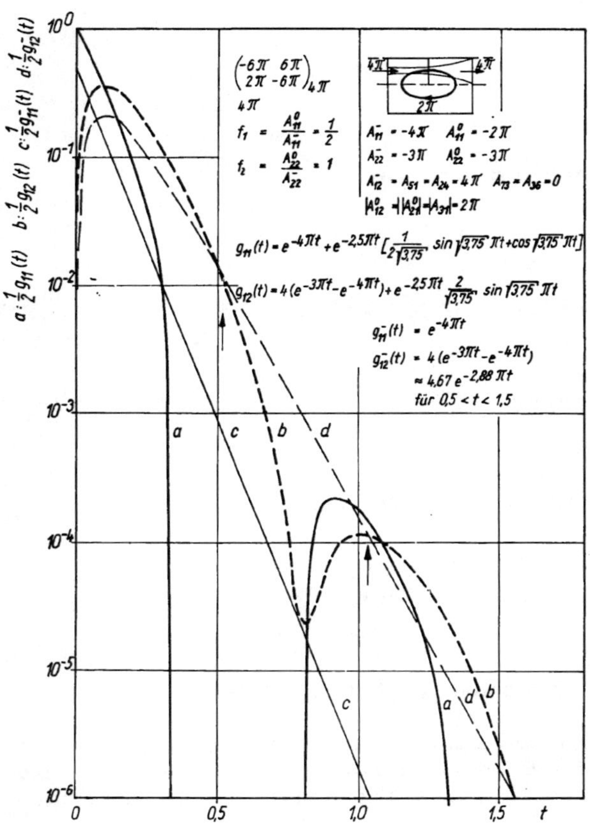

Fig. 4. Numerical example $f_2 = 2f_1$

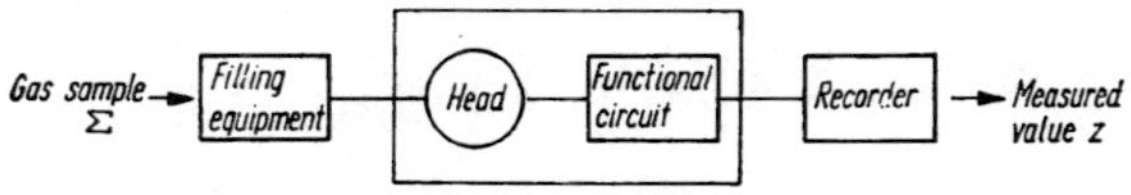

Fig. 6. Radiation counting apparatus

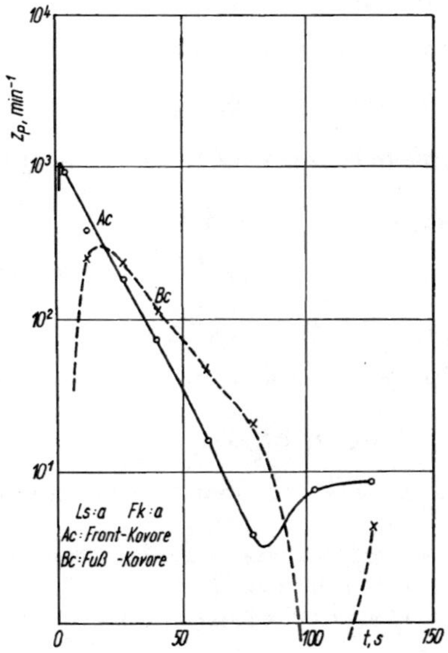

Fig. 7. Example of measured results

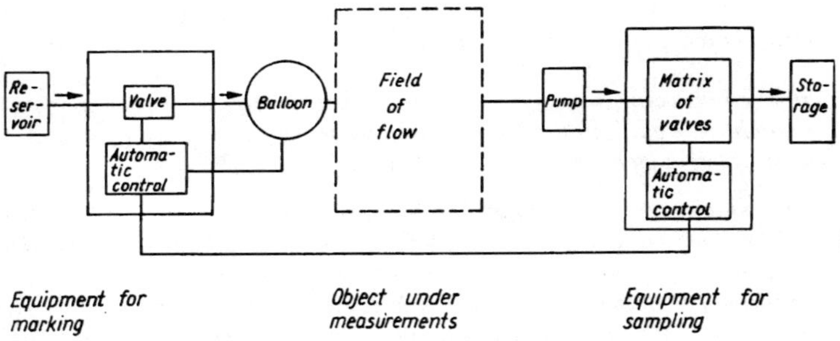

Fig. 5. Marking — sampling — apparatus

The injection of the indicator is realized by a balloon bursting in a selected cell. Fixing the pattern of indicator distribution is done by taking discrete samples through flexible tubes from selected cells in programmed time sequence. The equipments which are automatically performing injection and sampling are integrated in a marking-sampling-apparatus. This apparatus works directly at the measuring object. The marking-sampling-apparatus is disposed for mobile used depending on the purpose of the special problem. Its construction bases on the DRELOBA pneumatic system (Fig. 5).

The indicator concentration in each of the stored samples is measured independent of the test object by means of a radiation counting unit. Its measuring head is a special counting tube. The gaseous sample which was filled into the counter tube carries the electric discharge in the *Geiger-Müller*-region. An electronic quenching circuit breaks off the electric discharges. In this way the detector covers the beta radiation of the indicator in the tested sample over the whole energy spectrum and all over the solid angle (Fig. 6.).

An example of the measuring results in a lorry cabin is plotted (Fig. 7).

Received March 28, 1983

References

[1] *G. Wunsch*, Zellulare Systeme. Berlin: Akademie-Verlag 1977

[2] *A. Kolmogoroff*, Math. Ann. 104 (1933) 415

[3] DRELOBA Katalog, VEB Reglerwerk Dresden, GDR 8060 Dresden

Isotopenpraxis 19 (1983) 12, S. 422 bis 428

Сличение эталонов единицы активности радионуклидов с помощью расторов америция-241

Б. Л. Алекзеев, Ф. М. Караваев

(НПО Всесоюзный научный исследовательский институт им. Д. И. Менделеева, НПО ВНИИМ, СССР)[1])

А. Серени, А. Жинка, Д. Хорват

(Госсударственное управление по метрологии, ОМХ, ВНР)[2])

Х. Грейпнер, Р. Бруст, Э. Шёнфельд

(Управление по стандартизации, метрологии и испытанию товаров, АСМВ, ГДР)[3])

М. Дерезинский, З. Волошин

(Польский комитет по стандартизации, мерам и качеству, ПКНМЯ, ПНР)[4])

Л. Кокта, Й. Плх, П. Дрыяк

(Институт исследования, производства и применения радиоизотопов, УВВВР, ЧССР)[5])

Сообщено о мехдународном сличении, которое было организовано в рамках деятельности Секции по метрологии Постоянной Комиссии СЭВ по сотрудничеству в области стандартизации (ПКС СЭВ) и имело чель, проверить равильность воспроизводимой национальными эталонами единицы активности в случае радионуклида ^{241}Am.
В сличении приняли участие организации ВНР, ГДР, ПНР, СССР и ЧССР, в том числе и страны-хранителя эталона СЭВ единицы активности радионуклидов в диапазоне ниже 1 MBq. *Дают обзор используемых эталонных измерительных устройств, включая специально изготовленных измерительных источников излучений, применяемых поправочных коэффициентов, полученных результатов измерения, а также оцененных вкладов погрешностей.*
По полученным результатам сличения можно устанавливать, что в участвующих странах воспроизведение единицы активности α,γ-излучающих радионуклидов осуществляется на высоком научном уровне и в случае радионуклида ^{241}Am неточность измерений достигает величины от 0,1 до 0,35 % (P = 0,99).

An international comparison measurement is reported, which had been organized in the framework of the activities of the Metrology Section of the Permanent CMEA Commission for Cooperation in Standardization. It had been performed in order to check the soundness of the activity unit for ^{241}Am as a radionuclide as presented by national standards.
In the comparison measurement participated organizations from Hungary, the GDR, Poland, the USSR and the CSSR, among them the organizations keeping the CMEA standard for the activity unit for radionuclides having less than 1 MBq.
A survey is given on the standard measuring systems used together with the standard radiation sources especially produced, the yielded results as well as the errors assessed.
On the basis of the obtained results it may be stated that in the countries involved the activity of nuclides emitting both alpha and beta radiation is determined on a high scientific level, and that with regard to ^{241}Am as a radionuclide it can be determined with a measuring uncertainty between 0.1% and 0.35% (with P = 0·99).

Keywords
americium 241; calibration; COMECON; comparative evaluations; international organizations; measuring methods; standardization

1. Введение

Правилами хранения и применения эталона СЭВ единицы активности радионуклидов предусмотрено периодическое (не реже одного раза в 4 года) сличение национальных эталонов, входящих в состав эталона СЭВ. Теми же правилами предусмотрена возможность участия в таких сличениях и национальных эталонов других стран-членов СЭВ, не входящих в состав эталона СЭВ.

В настоящее время эталон СЗВ единицы активности радионуклидов в диапазоне ниже 1 MBq образуется национальными эталонами ВНР, ГДР, СССР и ЧССР.

Первое международное сличение эталонов единицы активности радионуклидов было проведено странами-

Адрес: [1]) СССР – 198005 Ленинград, Московский Проспект 19; [2])UVR – Budapest XII, Nemetvölgyi ut 37 – 39; [3]) DDR – 1162 Berlin, Fürstenwalder Damm 388; [4]) VRP – Warszawa 1, u. Elektoralna 2; [5])CSSR – 10227 Praha 10, Rachova 1

Табл. 1. Данные к изготовлению измерительных источников излучений

		АСМВ	ВНИИМ	ОМХ	ПКНМЯ	УВВВР
		Твердые источники				
Материал подложки (пленка)		VYNS	Рентгеновская пленка (для метода совпадений) и нержавеющая сталь (для метода ограниченного телесного угла), полированная, толщиной 2 mm	VYNS-3	VYNS	VYNS
Поверхностная плотность пленки,						
Металлизация	µg/cm²	10	30—40	10	10	25
Держатель	µg/cm²	25	2×10	2 × 15	25	2 × 12
— материал		сталь	алюминий	алюминий	нержав. сталь	алюминий
— толщина	mm	0,05	0,1	0,3	0,1	0,2
— диаметр наруж.	mm	38	40	38	40	30
— диаметр внутр.	mm	16	20	16	16	15
Обработка подложки						
— предварительная		инсулин	инсулин	людокс	людокс	инсулин + людокс
— окончательная		катион-анион обменная смоль	людокс	людокс + типоль	людокс	инсулин + людокс
Метод определения массы раствора, нанесенного на подложку:		пикнометрический	пикнометрический	пикнометрический	пикнометрический	пикнометрический
Весы						
— тип		Satorius-2405	СМД-1000	M5-SA	Sartorius	Sartorius-1800
— цена деления,	mg	0,001	0,01	0,001	0,001	0,001
Пикнометры						
— материал		полиэтилен	полиэтилен	полиэтилен	полиэтилен	полиэтилен
— объем,	ml	1	10	10	10	3
Масса нанесенного раствора (средние значения),	mg	10—30	13—80	19—45	6—30	25—40
Поправки при взвешивании на плотность воздуха,	%	0,105	0,1	0,104	Учтены в погрешности взвешивания	0,105
Метод сушки		в воздухе	под лампой	под лампой	под лампой	под лампой и в воздухе
Диаметр активной части источника,	mm	7	10	8—15	5—6	6
Число источников		10	5—6		14	20
		Источники для жидких сцинтилляторов				
Материал кювет		стекло				
Объем сцинтиллятора,	ml	15				
Состав сцинтиллятора		Bis MSB 0,04 % PPO 0,4 % Toluol 80 % Triton-X-100 19,56 %				
Масса радиоакутивного раствора в пробе (средние значения)	mg	7—28				
Число кювет		9				

членами СЗВ в рамках Постоянной Комиссии СЭВ по сотрудничеству в области стандартизации в 1968 г., ещё до итверждения эталона СЭВ, с помощью двух усточников гамма-излучения из ^{60}Co. В 1974 г. было проведено в тем же рамках сличение эталонов с помощью растворов ^{90}Sr + ^{90}Y и ^{137}Cs и источников гамма-излучению из ^{137}Cs/^{137}Ba м. Таким образом, к 1979 г. сличения были осуществлены по бета-излучающим и бета-гамма-излучающим радионуклидам, и представлялось целесообразным предусмотреть очередное сличение с использованием образцов из альфа-излучающего или альфа-гамма-излучающего радионуклида. Исходя из этого было выбрано для очередного сличения раствор америция-241, активность которого могла быть измерена несколькими независимыми методами. Такое сличение представлялось особенно интересным, так как аналогичное международное сличение было проведено лишь один раз (в 1963 г. по программе Международного Бюро Мер и Весов), причем расхождения между результатами, полученными отдельными участниками, в ряде случаев значительно превышали оцененные погрешности этих результатов.

В данном сличении приняли участие следующие метрологические институты, являющиеся хранителями национальных эталонов единицы активности радионуклидов:

— Государственное Управление по метрологии ВНР (ОМХ),
— Управление по стандартизации, метрологии и испытанию товаров ГДР (АСМВ),
— Польский Комитет по стандартизации, мерам и качеству ПНР (ПКНМЯ),
— Научно-производственное объединение — Всесоюзный научно-исследовательский институт метрологии имени Д. И. Менделеева СССР (НПО ВНИИМ),
— Институт исследования, производства и применения радиоизотопов ЧССР (УВВВР).

Ниже приводится описание процедуры и результатов проведенного сличения.

2. Характеристики раствора и источников ^{241}Am

Изготовление и рассулку образцов растворов ^{241}Am для сличения выполнило ОМХ. В каждую страну в мае-июне 1979 г. было выслано по две ампулы.
Раствор имел следующие основные характеристики:
Химическое соединение: $Eu(NO_3)_3$.
Массовая доля европия: 20 μg/g,
Номинальная радиоактивная концентрация ^{241}Am: 0,4 MBq/g,
Кислотноть: HNO_3, 3 mol/l,
Масса раствора в ампуле (номинальное значение): 2g

Отсутствие примесей гамма-излучающих радионуклидов проверено на полупроводниковом спектрометре ОМХ. Проверка показала, что в пределах до 0,05% примесь гамма-излучающих радионуклидов с энергией фотонов от 60 до 2500 keV отсутствует.

Примеси альфа-излучающих радионуклидов были исследованы в УВВВР на альфа-спектрометре. При этом примеси ^{243}Am и ^{239}Pu в пределах до 0,01% и Cm 241 в пределах до 0,001% не были обнаружены.

Сорбция радиоактивного вещества на стенках ампул в пределах до 0,001% не обнаружена.

Характеристики источников, приготовленных участниками сличения из растворов ^{241}Am, приведены в табл. 1.

3. Методы измерений и характеристики эталонных установок

Для измерения активности ^{241}Am в источниках в данном сличении были использованы следующие методы:

— метод $4\pi\alpha$, γ-совпадений: АСМВ, ОМХ, ПКНМЯ, УВВВР,
— метод $4\pi\,\alpha$, $(\gamma + X_L)$ -совпадений: УВВВР,
— метод $2\pi\,\alpha$, γ-совпадений: ВНИИМ,
— метод $4\pi\,\alpha$-счета (пропорциональный счетчик): АСМВ,
ПКНМЯ (экстраполяционный метод),
— метод $4\pi\alpha$ — счета (жидкий сцинтиллятор): АСМВ,
— метод α-счета в ограниченном телесном угле: ВНИИМ.

Таким образом, основным методом измерения, использованным всеми участниками сличения, явился метод α, γ-совпадений в различных его модификациях. В качестве вспомогательных методов некоторые участники сличения использовали также метод ионизационной камеры и спектрометрический метод с применением калиброванного полупроводникового спектрометра (АСМВ, ОМХ). Однако, эти методы не являются абсолютными, и поэтому полученные с их помощью результаты при обработке результатов сличения не рассматривались.

Характеристики эталонных измерительных установок, использованных участниками сличения, приведены в табл. 2.

4. Результаты измерений и оценка их погрешностей

В табл. 3 и 4 приведены значения неисключенных систематических погрешностей, обусловленных неточностью определения ряда величин и поправок, используемых в методах совпадений (табл. 3) и в других методах измерения активности (табл. 4).

Результаты всех измерений удельной активности ^{241}Am в растворе и их погрешности (оценка среднего квадратического отклонения (СКО) и граница неисключенной систематической погрешности (НСП) по СТ СЭВ 403-76 представлены в табл. 5. Там же приведены относительные отклонения каждого результата от среднего взвешенного значения удельной активности ^{241}Am, вычисленного по способу, предложенному в работе *Б. Я. Алексеева, Ф. М. Караваева* и др. [1]. Это среднее взвешенное значение равно 0,4181 MBq/g, его суммарная (результирующая) погрешность Δ, при доверительной вероятности 0,99 составляет 0,06%.

В табл. 6 приведены средние взвешенные значения удельной активности ^{241}Am для каждой страны и их погрешности (оценка СКО композиции случайных и неисключенных систематических погрешностей — S_Σ и суммарная погрешность — Δ для доверительной вероятности 0,99), а также относительное отклонение каждого значения от указанного выше среднего взвешенного международного значения (0,4181 MBq/g).

Среднее арифметическое значение удельной активности ^{241}Am, измеренное всеми методами, равно 0,4182 MBq/g со средним квадратическим отклонением 0,03%.

Среднее арифметическое значение удельной активности ^{241}Am, измеренной методами совпадений, равно 0,4181 MBq/g со средним квадратическим отклонением 0,03%.

Табл. 2. Данные о используемых измерительных устройствах

		АСМВ	ВНИИМ	ОМХ	ПКНМЯ	УВВВР
		Установки 4π α,γ-и 2π α,γ-совпадений				
Счетчики						
— пропорциональный		4π, проточный	2π, проточный	4π, проточный	4π, проточный	4π, проточный
— сцинтилляционный		NaJ(Tl)	NaJ(Tl)	NaJ(Tl)	NaJ(Tl)	2 × NaJ(Tl)
Характеристики пропорционального счетчика						
— тип		pill-box	полуцилиндр	pill-box	pill-box	pill-box
— материал катода		алюминий	латунь	оргстекло золоченое	латунь	нержавеющая сталь
— размеры катода	mm	диаметр 66 высота 2 × 21	диаметр 180	диаметр 30 высота 45	диаметр 40 высота 20	диаметр 60 высота 18
— материал анода		Mo + Au	константан	вольфрам	нержвеющая сталь	молибден
диаметр анода	μm	40	100	11	50	50
длина анода	mm	55	125	45		
Рабочий раз						
— состав		пропан	метан	метан	метан	метан
— давление	kPa	100	20	100	100	100
Рабочее напряжение	V	2700	1480	1600	3500	2000—4000
Длина плато	V	800	400	700	>800	1250
Наклон плато,	% на 100 V	<0,1	0,2	<0,1	<0,016	0,04
Характеристики сцинтилляционного счетчика						
— диаметр сцинтиллятора	mm	76	40	76	75	76
— высота	mm	100	2	76	75	51
— материал окна		алюминий	бериллий	алюминий	алюминий	золото
— толщина окна	mm	1	0,1	0,5	0,5	<0,5
Тип ФЭУ		EMI-9530	ФЭУ-97	RCA-8054	EMI-9758	
рабочее напряжение	V	800	1220	1360	630	1200
Мертове время	μs					
— в альфа-канале		4,000 ± 0,018	3,30 ± 0,05	4,94 ± 0,01	4,52 ± 0,05	6,500 ± 0,010
— в гамма-канале		3,996 ± 0,018	3,30 ±0,05	4,97 ± 0,01	4,52 ± 0,05	6,500 ± 0,010
— в канале совпадений			3,30 ± 0,05		0,51 ± 0,02	
Разрешающее время	μs	1,035 ± 0,003	2,12 ± 0,01 3,83 ± 0,02	1,43 ± 0,01	0,515 ± 0,005	1,975 ± 0,004 1,987 ± 0,010
Эффективность регистрации						
— альфа-частиц	%	98,9—99,2	47—49	98,5—99,8	≧98,7	98,3—98,6
— гамма-фотонов	%	16	20	8	8	8,6 (γ) 11,1 ($\gamma + X_L$)
Средние значения поправок						
— на фон	%	3,5 (гамма)	0,2	3,5 (гамма)	≦0,01 (альфа) ≦5 (гамма) ≦0,02 (совп.)	0,36
— на мертвое время	%	0,04	3	1,5—4,5	≦2,5	
— на разрешающее время	%	1,3	1—2	2,5	≦0,6	1,6—1,8
Длительность одного измерения	s	1000	1000	1000	2000	200
Число измерений		4	5	18	14	4
		Ппрочие установки				
Метод измерений		4πα-счет (ПС и ЖС)	α-счет в ограниченном телесном угле		4πα-счет	

продолжение

		АСМВ	ВНИИМ	ОМХ	ПКНМЯ	УВВВР
Тип счетчика		См. установку 4πα, γ-совпадений	Сцинтилляционный, ZnS (Ag)		См. установку 4πα, γ-совпадении	
Размеры счетчика	mm		Диаметр 80			
Тип ФЭУ			ФЭУ-56			
Геометрический фактор			0,00147316			
Фон	s^{-1}	1,0 (ЖС)	~1,5		0,6	
Мертвое время	µs	4,000 ± 0,018 (ПС) 1,0 ± 0,5 (ЖС)	3,2 ± 0,1		4,52 ± 0,05	
Эффективность регистрации альфа-частиц	%	98,8—99,2 (ПС)	99,98			
Средние значения поправок:						
— на фон	%	0,001 (ПС) 0,1 (ЖС)	<0,1		0,01	
— на метрвое время	%	0,5 (ПС) 1 (ЖС)	0,001		2,5	
— на уровень дискриминации	%	—	~0,5		0,1	
— прочие поправки	%	1 (ПС)	0,02		0,1	
Длительность одного измерения	s	1000 (ПС) 60 (ЖС)	100		2000	
Число измерений		4 (ПС) 10 (ЖС)	50		10	

Табл. 3. Сопоставление вкладов неисключенных систематичёских погрешностей при применип методов совпадений

		АСМВ	ВНИИМ	ОМХ	ПКНМЯ	УВВВР
Неисключенные систематические погрешности, обусловленные неточностью определения	%					
— массы раствора		0,02	0,05	0,02	0,15	0,005
— времени измерения		0,005	0,001	0,001	0,01	0,0001
— фона гамма-излучения		0,07	0,02	0,01	0,03	0,018 0,024
— мертвого времени		0,001	0,05	0,01	0,04	0,010 0,012
— разрешающего веремени		0,02	0,01	0,01		0,006 0,007
— прочих поправок		0,005	0,01	0,05		0,03
— чувствительности альфа-детектора к гамма-излучению		0,005	0,01			0,003
Граница неисключенной систематической погрешности	%					
— по СТ СЭВ 403-76		0,106	0,106	0,08	0,22	0,052 0,058
— по Докладу 12 МКРЕ		0,126	0,151	0,11	0,23	0,072 0,081

ПРИМЕЧАНИЕ. В столбце, содержащем данные УВВВР, первая цифра соответствует методу 4πα, γ-совпадений, вторая-методу 4πα, $(\gamma + X_L)$-совпадений.

5. Выводы

1. Проведенное международное сличение показало хорошее согласие между результатами измерений удельной активности ^{241}Am, выполненных с помощью национальных эталонов, входящих в состав эталона СЭВ единицы активности радионуклидов. С этими результатами хорошо согласуется и значение удельной активности ^{241}Am, полученной с помощью национального эталона ПНР. Отклонение отдельных значений

Табл. 4. Сопоставление вкладов неисключённых систематических погрешностей при примении простых методов счета

		$4\pi\alpha$-счет (ПС) АСМВ	ПКНМЯ	$4\pi\alpha$-счет (ЖС) АСМВ	α-счет ВНИИМ
Неисключенные систематические погрешности, обулсовленные неточностью определения	%				
— массы раствора		0,02	0,15	0,02	0,05
— времени измерений		0,005	0,01	0,005	0,01
— Фона		0,0001	0,00	0,01	0,15
— мертвого времени		0,01	0,04	0,3	0,001
— эффективности регистрации					0,01
— поглощения в пленке			0,05		
— геометрического фактора					0,13
— самоноглощения					0,02
— рассеяния альфа-частиц					0,01
— адсорбции на стенках кюветы				0,05	
— прочих поправок		0,1	0,05		
Граница неисключенной систематической погрешности	%				
— по СТ СЭВ 403-76		0,143	0,24	0,43	0,29
— по Докладу 12 МКРЕ		0,135	0,30	0,385	0,381

Табл. 5. Сопоставление результатов измерений и их оцененных вкладов погрешностей

Институт	Метод измерения	Удельная активность, MBq/g	Оценка СКО, %	Число измерений	Граница НСП, %	Отклонение от среднего %
АСМВ	$4\pi\alpha$, γ-совпадения	0,4180	0,05	32	0,11	—0,02
	$4\pi\alpha$-счет (ПС)	0,4182	0,01	12	0,14	+0,02
	$4\pi\alpha$-счет (ЖС)	0,4190	0,03	30	0,45	+0,215
ВНИИМ	$2\pi\alpha$, γ-совпадения	0,4177	0,06	6	0,15	—0,09
	α-счет (ОТУ)	0,4183	0,10	5	0,29	+0,05
ОМХ	$4\pi\alpha$, γ-совпадения	0,4181	0,04	18	0,08	<0,01
ПКНМЯ	$4\pi\alpha$, γ-совпадения	0,4185	0,12	14	0,22	+0,10
	$4\pi\alpha$-счет (ПС)	0,4181	0,16	10	0,24	0,01
УВВВР	$4\pi\alpha$, γ-совпадения $4\pi\alpha$, $(\gamma + X_L)$-совпадения	0,4182	0,02	19	0,05	+0,01
Среднее взвешенное значение		0,4181 MBq/g, Δ (0,99) = 0,06%				

Табл. 6. Сопоставление национальных средных взвешенных значений и их отклонения от международного среднего взвешенного значения радиоактивной концентрации раствова ^{241}Am

Институт, страна	Среднее взвешенное значение удельной активности, MBq/g	Оценка СКО, S_Σ %	Квантиль распределения Стьюдента, p = 0,99	Суммарная погрешность, Δ %	Отклонение от среднего взвешенного между народного значения, %
АСМР (ГДР)	$0{,}4181_6$	0,043	2,86	0,12	$+0{,}01_2$
ВНИИМ (СССР)	$0{,}4178_4$	0,075	3,36	0,25	$-0{,}06_4$
ОМХ (ВНР)	0,4181	0,052	2,90	0,15	$-0{,}00_2$
ПКНМЯ (ПНР)	$0{,}4183_4$	0,117	2,98	0,35	$+0{,}05_6$
УВВВР (ЧССР)	$0{,}4181_6$	0,032	2,88	0,09	$+0{,}01_2$

удельной активности ^{241}Am от среднего взвешенного международного значения во всех случаях не превышали оцененной границы суммарной (результирующей) погрешности.

2. Единица активности альфа-гамма-излучающих радионуклидов воспроизводится национальными эталонами, входящими в состав эталона СЭВ, и национальным эталоном ПНР с весьма высокой и приблизительно одинаковой точностью. Это подтверждается близостью средних вычисленных зналений удельной активности ^{241}Am — среднего взвешенного значения и среднего арифметического значения (расхождение менее 0,025 %).

3. Можно считать, что в настоящее время единица активности радионуклида ^{241}Am воспроизводится с помощью эталона СЭВ с погрешностью, не превышающей 0,1 % при доверительной вероятности 0,99.

Поступила в редакцию 16/III, 1983

Литература

[1] *В. Я. Алексеев, Ф. М. Караваев* и др. „Оценка измеряемой величины по результатами измерений с различными систематическими погрешностями" „Метрология" № 1, 1978 г.

Isotopenpraxis 19 (1983) 12, S. 428 bis 431

Experiments on Sprouting Inhibition in Onions*)

H. Dahlhelm, C. Matejko, G. Hübner

(Academy of Sciences of the GDR, Central Institute of Isotope and Radiation Research, Leipzig)[1])

The effect of irradiation on sprouting depends on the irradiation dose, on the irradiation time after harvest and on the physiological development stage of onions. The best conditions of an effective irradiation were found out. Experiments were carried out in order to study the physiological causes of sprout inhibition. The effect of the irradiation on cell elongation and cell division was investigated.

Der günstigste Bestrahlungszeitraum nach der Ernte und die untere Grenze des wirksamen Dosisbereiches für die Hemmung des Auskeimens von Speisezwiebeln im Speicher durch γ-Bestrahlung wurden ermittelt. Der Einfluß der Bestrahlung auf das Streckungswachstum des Sprosses und auf die Zellteilungen im Sproßmeristem wurden untersucht. Während begrenztes Streckungswachstum nach Bestrahlung noch möglich ist, wird die Zellteilung ab einer Dosis von 20 Gy vollständig unterdrückt.

Keywords

Allium cepa; cobalt 60; elongation; mitosis; plant growth; sprout inhibition; storage life

1. Introduction

The gamma irradiation of onions for sprout inhibition during storage has been applied already in some countries. The effect of irradiation on sprouting depends on the irradiation dose, on the irradiation time after harvest and on the physiological development stage of onions [1–3]. For the investigation of the best conditions of an effective irradiation a storage experiment was carried out at our institute from September 1981 to June 1982. The aim was to answer the follow questions:

1. What is the best irradiation period for the most effective inhibition of sprouting?
2. What is the lower dose limit of an effective irradiation?
3. Is it possible to extend the most effective period for irradiation by irradiation of onions with the upper limit of the permitted radiation doses?
4. Is it possible to store irradiated onions without cooling?

2. Experiments and Conclusions

2 kg samples of seed grown onions cv. Zittauer Gelbe were irradiated with 10 different doses of gamma radiation ranging from 5 to 150 Gy ^{60}Co at 12 different dates after harvest (3 days to 16 weeks). The onions were kept at 10 °C and a relative humidity between 60% and 70% before and after irradiation. From January to June the treated samples were checked in storage every 4 weeks. The bulbs with visible outer sprout were counted and recorded.

Fig. 1 shows the effect of the irradiation time after harvest on sprouting of onions. Every plot represents the average of the dosages 20 to 70 Gy.

In January the irradiated samples did not differ significantly from the unirradiated control sample.

In March first differences between the samples of the different irradiation times and the control sample were visible.

In April appeared three, in May and in June four groups of irradiated onions dependent on the irradiation time after harvest.

The most unsprouted sound onions were found in the first group of samples irradiated 3 days to 21 days after harvest. A second and a third group are formed by the samples of the irradiation times 4 to 7 weeks and 8 to 12 weeks after harvest.

In June the losses by sprouting and mould were 10% in the first, 20% in the second and nearly 30% in the third irradiation group. The poorest results were found in the sample irradiated 16 weeks after harvest and in the control sample with losses of 45% and 65% respectively.

The effect of the irradiation dose on the sprouting of onions is demonstrated in Fig. 2. The average sample values of the three irradiation groups in June are given.

*) Presented at the 2nd Working Meeting "Radioisotope Application and Radiation Processing in Industry", 28th September to 1st October 1982, Leipzig

[1]) Address: DDR-7050 Leipzig, Permoserstr. 15

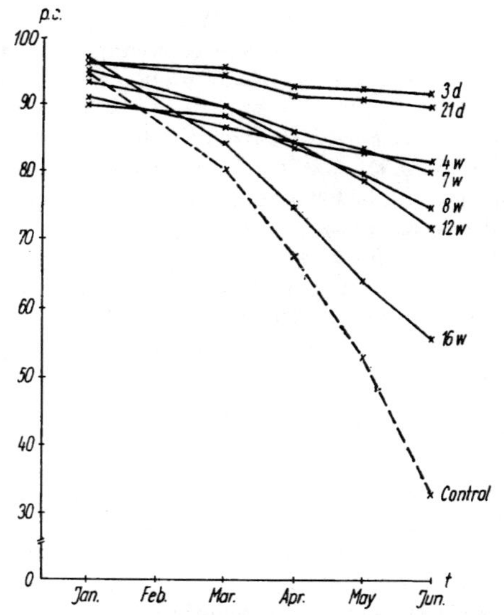

Fig. 1. Sprouting of onions in dependence on irradiation time after harvest

Percentage of unsprouted onions after irradiation (average of samples irradiated with doses of 20 – 70 Gy) in comparison with the unirradiated control sample at various control dates; storage temperature 10 °C

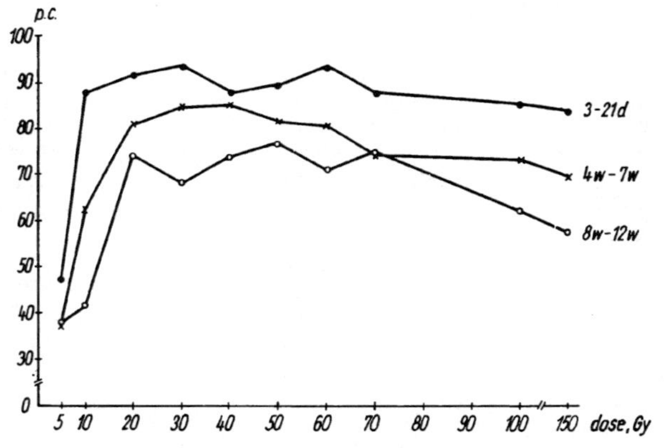

Fig. 2. The effect of the irradiation doses on the sprouting of onions

Percentage of unsprouted onions in June 1982 after irradiation with different doses of γ-radiation (mean sample values at irradiation times of 3 – 21 days, 4 – 7 weeks and 8 – 12 weeks after harvest)

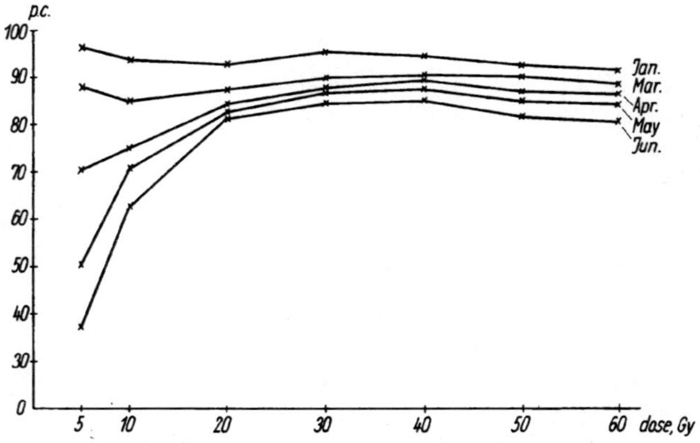

Fig. 3. The effect of the irradiation doses on the sprouting of onions at various control dates

Percentage of unsprouted onions after irradiation with different doses of γ-radiation at indicated control dates (mean sample values at the irradiation time of 4 – 7 weeks after harvest)

The best results of sprout inhibition were obtained in the dose range from 20 to 70 Gy gamma radiation. The lower limit of an effective irradiation is a dose of 20 Gy. At the earliest irradiation dates already a dose of 10 Gy causes complete sprout inhibition. The effect of the highest dose of 150 Gy is poorer than in the lower dose ranges.

Fig. 3 shows the dose dependence of sprout inhibition of the second irradiation group at various checking dates. The dose dependence of sprout inhibition does not appear until April.

The results of the storage experiment are:

1. The first 3 weeks after harvest are the best irradiation period for most effective sprout inhibition.
2. It is possible to irradiate onions profitably until 7 weeks after harvest, if the onions irradiated last are sold first.
3. Differences in the effectiveness of different irradiation times after harvest were observed from March.
4. Differences in the effectiveness of different irradiation doses were found from April.
5. The lower limit of an effective irradiation dose is 20 Gy
6. It is not possible to extend the most effective period for irradiation by irradiation of onions with the upper limit of the permitted radiation doses.
7. The data available about storage at 10 °C from September to June show that it is profitable to store irradiated onions without cooling.

The physiological causes of sprout inhibition by ionizing radiation are unknown. The general view is that the so called "rest period" of the bulbs after harvest is the most radiosensitive phase of onions [2]. It is assumed that irradiation with doses large enough to inhibit sprouting kills the growing centre or the bud of the bulbs [3, 4]. We have only little knowledge about the rest period of onions and it is an open question why irradiation after the rest period is not so effective and perhaps does not kill the growing centre.

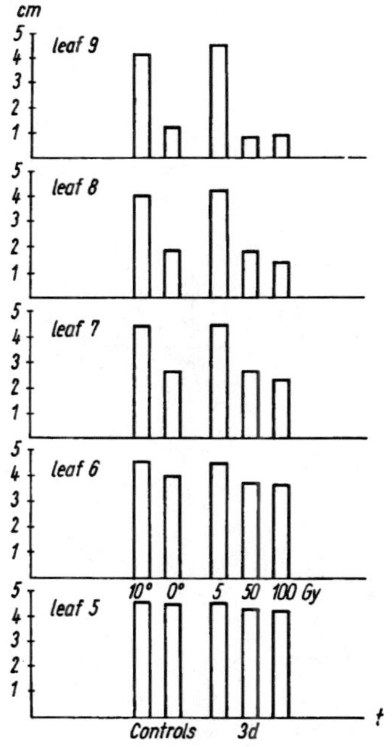

Fig. 4. Length of the inner sprout-forming leaves 5 to 9 of the bulbs in June

Irradiation 3 d after harvest; storage temperature 10 °C for irradiated samples and 10 °C or 0 C° for control samples

Plant growth requires cell division and cell elongation. Experiments were carried out in order to study the effects of different radiation doses applied at different times after harvest on cell elongation and cell division.

In a first experiment the lengths of the inner sprout-forming leaves 5 to 9 of the bulbs were measured immediately after irradiation until June at 4-weekly intervals. The onions were kept at 10 °C. For examination the bulbs were cut into two halves and the leaf lengths were recorded. At the same time unirradiated onions kept at 0 °C were investigated.

Fig. 4 shows the effect of 5, 50 and 100 Gy ^{60}Co irradiation on the leaf lengths of bulbs irradiated 3 days after harvest in comparison with the unirradiated bulbs stored at 10 °C or 0 °C. The mean values of 5 bulbs in June are given.

The differences in the leaf lengths between irradiated and unirradiated bulbs stored at 10 °C increase from the oldest to the youngest investigated leaf with the exception of 5 Gy ^{60}Co, which dose is without effect on leaf growth.

Storage at 0 °C retards the leaf growth of bulbs. The growth retardation is in the same order of magnitude as the growth inhibition after irradiation with 50 or 100 Gy ^{60}Co. These results clearly demonstrate that cooling after irradiation can be omitted.

In a further experiment the effects of various irradiation times after harvest and of the storage temperature before irradiation on the growth of the outer sprout were investigated. In February bulbs were set on flasks filled with water and kept in a greenhouse for sprouting. The shoot length of sprouting bulbs was measured and recorded.

Fig. 5 demonstrates the effect of the storage temperature before irradiation on the sprout length of onions and the importance of the irradiation date after harvest for effective sprout inhibition. The average sprout length in cm of 10 bulbs 4 weeks after setting on H_2O is presented. The storage temperature before irradiation was 10 °C (a) or 0 °C (b).

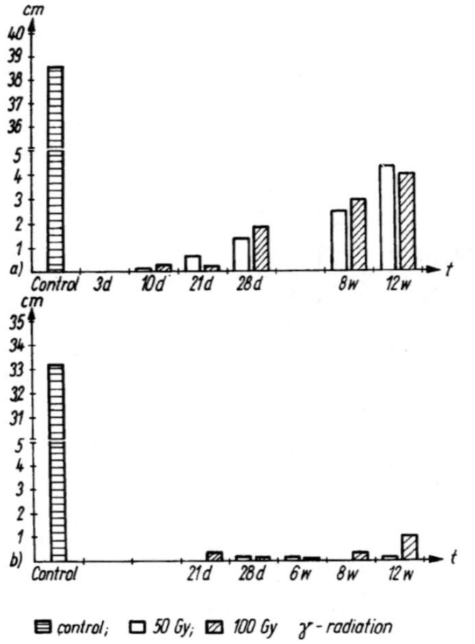

Fig. 5. The effect of the storage temperature before irradiation on sprouting of onions irradiated at various times after harvest
Average sprout length of 10 bulbs in cm 4 weeks after setting on H_2O; storage temperature a) 10 °C and b) 0 °C before irradiation

Prevention of sprouting can be achieved only in the first 21 days after harvest at a storage temperature of 10 °C. After irradiation at a later time a limited sprout growth is possible (Fig. 5a).

The most effective period for irradiation can be extended by storage of onions at 0 °C before irradiation. Nearly complete sprout inhibition could be observed with irradiation until 8 weeks after harvest (Fig. 5b).

For the study of cell division or mitosis shoot meristems were used. After staining with carmine-acetic acid the meristems were squashed, the dividing cells microscopically determined and the mitotic index was calculated. The mitotic index represents the percentage of dividing cells of the total number of counted cells.

Irradiation with 5 Gy ^{60}Co reduced the mitotic index. After treatment with 50 Gy and 100 Gy ^{60}Co, doses effective in preventing sprouting, no cell division could be observed. The effect of radiation on mitosis depends only on the dose, but is independent of the irradiation time after harvest (Tab. 1). The storage temperature before irradiation (a) 10 °C b) 0 °C) and therefore the development stage of bulbs was of no significance for the irradiation effect on mitosis.

Tab. 1. The effect of the irradiation time and of irradiation doses on the mitosis
Storage temperature before irradiation: a) 10 °C; b) 0 °C

a)

Irradiation time after harvest	Mitotic Index			
	0 Gy 10°	5 Gy	50 Gy	100 Gy
Control	1·8			
3 d		0·9	0·1	0
21 d		0·5	0	0
4 w		1·4	0·2	0·1
8 w		0·6	0	0
12 w		0·6	0	0

b)

Irradiation time after harvest	Mitotic Index			
	0 Gy 0°	5 Gy	50 Gy	100 Gy
21 d	1·2	0·6	0	0
4 w	2·1	0·7	0	0
6 w	1·7	0·8	0	0
8 w	2·4	0·7	0	0
12 w	0·9	0·9	0	0

During sprouting on water the mitotic index of control bulbs and of bulbs irradiated with 5 Gy ^{60}Co increases, but the mitotic activity of onions irradiated with 50 or 100 Gy ^{60}Co does not return (Tab. 2).

The lowest irradiation dose for a complete mitose inhibition was 20 Gy.

The results of the physiological experiments are:

1. The effect of the irradiation on cell division is the cause for sprout inhibition.
2. The lower limit of an effective irradiation dose depends on a complete inhibition of cell division.

Tab. 2. Mitotic Index (MI) of sprouting onions set on H_2O. Effect of irradiation times and doses; storage temperature before irradiation: 10 °C

Irradiation time after harvest	5 Gy MI	5 Gy Sprouting onions (p. c.)	50 Gy MI	50 Gy Sprouting onions (p. c.)	100 Gy MI	100 Gy Sprouting onions (p. c.)
3 d	2.7	100	0	0	0	0
21 d	1.4	100	0	30	0	40
4 w	1·7	100	0	0	0	20
8 w	0·8	100	0	90	0·4	80
12 w	2·2	100	0	80	0·16	80
Control	3·1	100				

3. The lower limit of a complete mitose inhibition in onions is 20 Gy.
4. The irradiation effect on mitosis is independent of the irradiation time after harvest.
5. Limited sprout growth by cell elongation takes place after irradiation.
6. The extent of the elongation is determined by the development stage of the bulbs.
7. The most effective irradiation period for sprout inhibition therefore depends on the development stage of bulbs at the time of irradiation.
8. Normal development of the sprout requires cell elongation and cell division.

Eingegangen am 26. 1. 1983
überarbeitete Fassung am 13. 4. 1983

References

[1] *J. P. Skou*, Danish At. Energy Comm. Riso Rept. **238** (1971) 46
[2] *P. Thomas, A. N. Srirangarajan, S. P. Limaye*, Radiation Botany **15** (1975) 215
[3] *T. Grünewald*, Lebensm.-Wiss. Technol. **10** (1977) 1
[4] *S. L. Dallyn, R. L. Sawyer*, Proc. Amer. Soc. Hort. Sci. **73** (1959) 398

Isotopenpraxis 19 (1983) 12, S. 431 bis 434

Complexing Properties of Amide Oxime of Picolinic Acid (APA) I. Investigation of the APA-^{99}Tc Reaction and of the Biological Distribution of ^{99m}Tc-APA Complex

M. Ogiński, S. Zommer-Urbańska, J. Joachimiak, B. Koniarek

(Department of Nuclear Medicine, Medical Academy, Faculty of Pharmacy, Łódź

Medical Center of Postgraduate Education, Faculty of Pharmacy, Bydgoszcz)[1]

As a result of APA labelling with ^{99m}Tc reduced by $SnCl_2$ at pH 1.9 about 90% of ^{99m}Tc-APA complex was obtained. Experiments in vivo were carried out on 10 Swiss mice who had Ehrlich tumor inplanted. After 8 days the ^{99m}Tc-APA complex was administered i. p. — The ADF ratio tumor blood was 2,5. Renoscintigraphy showed that the decline of renal activity, in the stage when excretion prevailed (phase III), was slow and of cumulative nature. Simple synthesis, labelling and low toxity of APA are the factors that advocate further experiments in searching its utility in diagnostics.

Im Ergebnis der Markierung von APA mit durch $SnCl_2$ verdünntem ^{99m}Tc bei einem pH-Wert von 1,9 wurden ca. 90% ^{99m}Tc-APA-Komplex erzielt. An 10 Schweizer Mäusen mit implantierten Ehrlich-Tumoren wurden in-vivo-Versuche durchgeführt. Nach 8 Tagen wurde der ^{99m}Tc-APA-Komplex i. p. gegeben. Das ADF-Verhältnis des Tumorblutes betrug 2,5. Die Nierenszintigraphie zeigte, daß die Nierenaktivität in dem Stadium, wo die Ausscheidung überwog (Phase III), langsam und kumulativ zurückging. Einfache Synthese, Markierung und niedrige Toxizität des APA sind die Faktoren, die für weitere Versuche zur Ermittlung seiner Eignung für diagnostische Zwecke sprechen.

Keywords

Ehrlich ascites tumor; labelling; nuclear medicine; renography; scintiscanning; technetium 99*m*; technetium complexes

The amide oxime of picolinic acid (APA) with its formula:

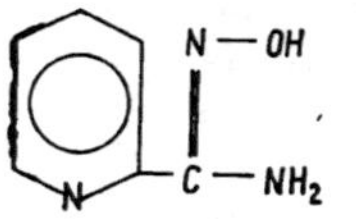

belongs to the group of compounds that reactivate cholinesterase of DL_{50} equal to 227,4 g [1]. In its solid phase APA appears in the form of dimers, and in water solutions is subject to the protolytic reactions [2]. Presence of functional groups with free electron pairs along with their location enables numerous chelate complexes to be formed with metals. Reaction with Co(II) has been the only in-

[1]) Address: 3 Debowa St., 85-626 Bydoszcz, Poland

vestigated till present, four mononuclear complexes were found to be present in water solutions [3]. Technetium (^{99m}Tc) with its merits stimulates investigations to seek new ligands which, having formed complexes with technetium, might appear useful in nuclear medicine. A number of ligands enter the complexes with metals, but not all may be technetium labelled, or labelling efficiency is found insufficient. Preliminary investigations on technetium labelling were carried out with iodide N-methyl-α-amide oxime of picolinic acid and with Toxobidin [4]. Encouraging results were obtained only in the experiments with APA. That is why our decision was to determine the optimum conditions for APA technetium labelling and to carry out the preliminary static and dynamic investigation in vivo.

Materials and methods

Amide oxime of picolinic acid was used for ^{99m}Tc-APA complex synthesized in the Institute of Chemistry and Organic Technology, Engineering College, Warsaw [2, 3]. The compound obtained (molecular weight 137 g) showed the identical physical and chemical properties as those quoted in the literature, i. e. melting point 115—116 °C and NMR, JR analysis [2, 3]. Sodium pertechnetate was obtained from the ^{99}Mo/^{99m}Tc generators produced by the Centre for Production and Distribution of Isotopes in Świerk, Poland. For reduction anhydrous stannous chloride was used and, prepared ex tempore, the concentration being 2 mM solution in 0·15 M NaCl, *p*H 2·8—3·0 in nitrogen atmosphere. The conditions for labelling APA with technetium were established experimentally by selection of the appropriate *p*H levels and APA concentrations. Incubation time and temperature were settled by analogy to the experiments with other complexes labelling [5]. The bottles with the intermediate product were sealed and blown though with nitrogen. The synthesis products obtained were then analysed by ascending paper chromatography, the following papers being applied: Whatman I and 0·15 mM NaCl solution as a developer; and thin-layer chromatography (TLC) Kieselgel Merck V-256 with ethanol + water 7:3 as a developer. Column chromatography was performed in glass columns of 30 cm length and 10 mm diameter, packed with Sephadex G-25^F gel (Pharm. Fine Chem. AB, Uppsala, Sweden). 15 ml NaCl of 0·15 mM was used for developing. Level of *p*H in developing solutions was kept under control to be the same as that of the samples. Activity distribution on the paper, in the columns and on TLC plates was read by means of an automatic set consisting of a scintillation probe with 1 mm slit collimater and a recording device which enabled determination of cpm/cm in the areas programmed.

Experiments in vivo

Experiments in vivo were carried out on 10 Swiss mice (two groups of 5) who had *Ehrlich* ascites tumour inplanted subcutaneously. After eight days 0·5ml ^{99m}Tc-APA complex was administered intra peritoneally. In 6 and 24 hours the animals were killed and activity was determined in their tumours, blood, muscles, liver, kidneys, bowels and bones. According to the accepted principle, the results were expressed as activity distribution factor (*ADF*) [1].

$$ADF = \frac{A_i M_m}{D M_i}$$

where: A_i — activity of an organ or tumour, cpm
M_m — body weight of a mouse, g
D — injected activity, cpm
M_i — weight of an organ or tumour

Renoscintigraphic studies

Renoscintigraphic studies were performed in a rabbit after intraveous injection of ^{99m}Tc-APA complex. The rabbit in narcosis with 2·5% Brevinarcon was placed under the gamma-camera detector (Toshiba GC-402) coupled to a MDSI Trinary computer. The observation lasted 20 minutes after injection. Over this time the data were collected in the Frame Mode System at sixty intervals of 20 seconds. Then areas of interest were selected over the kidneys, heart, liver, spleen, bowels and bladder. Curves obtained for those areas represented activity variation in the selected regions. In order to assess the usefulness of ^{99m}Tc-APA complex for renoscintigraphy, all the curves were compared with the attention focussed on the nature of phase II and III of the renal curve.

Results

Efficiency of APA technetium labelling with $SnCl_2$ employed as the reduction agent are presented in Table 1 and 2. The investigation demonstrated that the optimum conditions for acquiring the maximum efficiency of ^{99m}Tc-APA is the acid medium of *p*H 1·9 and the remarkable abundance of APA (10 mg).

Tab. 1. Percentage of activity in columns packed with Sephadex G-25 F after development of ^{99m}Tc-APA in 15 ml 0·15 M at varying APA mass

AKP	*p*H = 3·0		*p*H = 4·8	
mg	start, %	Complex, % 5·7—6·8 cm	start, %	Complex, % 6·0—9·5 cm
0·01	69·3	30	50	50
1·0	37·0	44	30	51
10·0	26·5	63	35	65

Tab. 2. Efficiency changes in APA labelling with technetium related to *p*H values, GCS Sephadex G-25 F after development in 15 ml 0·15 M NaCl

*p*H	cm	in the start %	cm	complex %	8—12 cm	Complex %
1·9	0	7·9	—	—	9.1	89·5
3·6	0	17·1	—	—	10·3	82·9
7·0	0	0·5	3	42·0	7·4	57·5
11·0	0	12·95	3	50·0	fraction A 8	19·04
					fraction B 12	17·6

Blackening of the roentgen film, where the developed TLC chromatogrames were displayed, indicated the split of the complex into two fractions of different Rf. Localised was one fraction of Rf = 0·62, and another of Rf = 0·73, whereas Rf for TcO_4^- is 1, and that for the reduced technetium is 0. At the same time the papergram on Whatman 1 allowed to see the absence of activity within the area whose Rf was 0·65, corresponding to TcO_4^-, and the localised activity of Rf = 0·5 corresponded to ^{99m}Tc-APA complex.

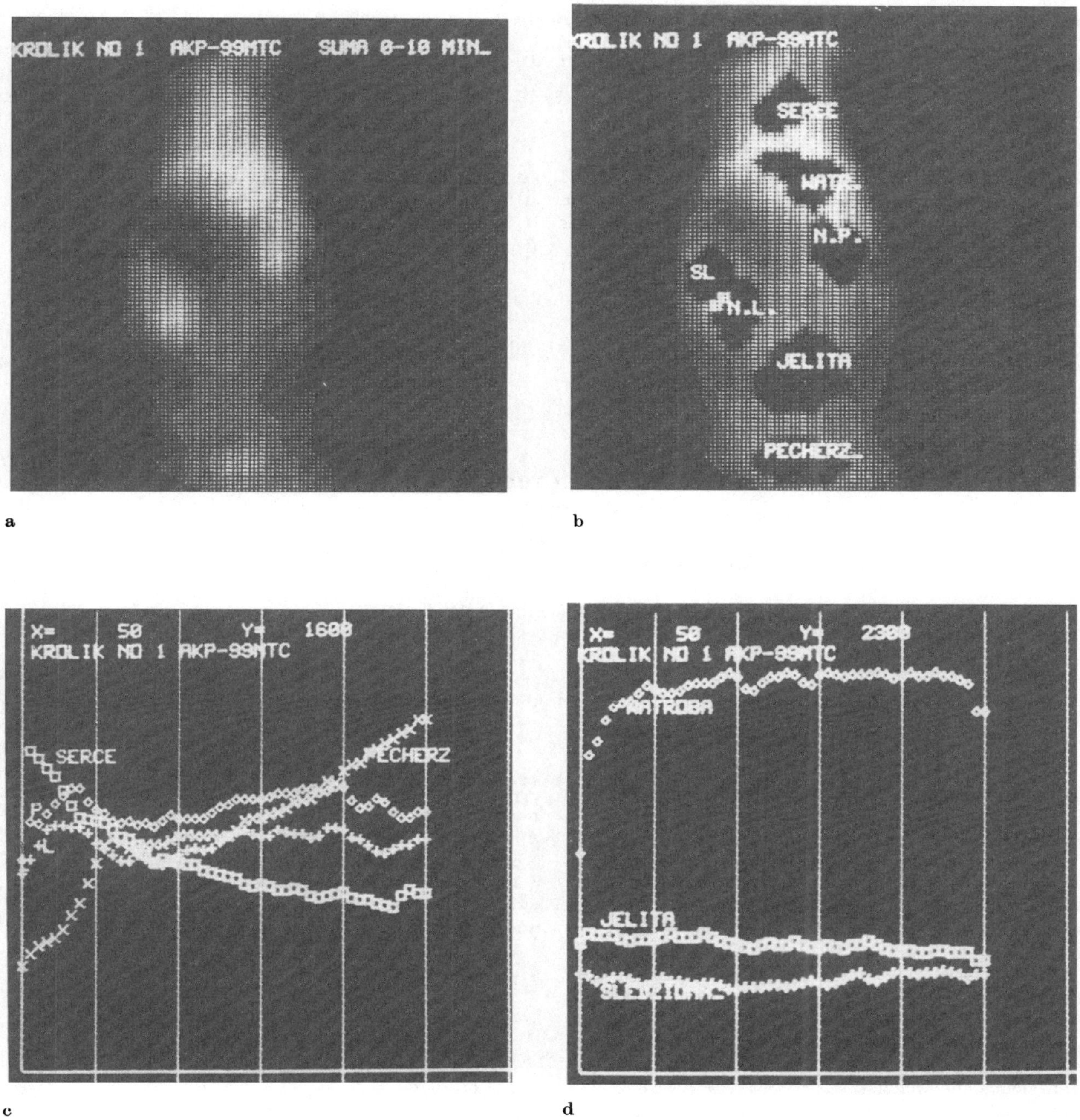

Fig. 1. Renoscintography of a rabbit after ^{99m}Tc-APA administration

a — scintigram of the whole body; b — regions over the organs for which activity curves vere produced; c — activity curves for the regions over kidneys and bladder; d — activity curves for the regions over liver, bowels and spleen

The results of biodistribution for ^{99m}Tc-APA, as expressed in ADF values, tumour-blood ratio, are the following: grou pI of the mice, 6 hours after administration 0·89 ± ± 0·4, and group II after 24 hours 2·4 ± 0·41.

Renoscintigraphic studies, Fig. 1, performed on a rabbit allow to make the assessment of the curves representing. Activity alterations over the kidneys, liver, entrails, spleen and bladder. The curves from over the kidneys are similar to those in hippuran renography only within phase I and II. Phase III is not typical in its nature and the curve in this section does not decline.

Discussion and conclusions

ADF values obtained for ^{99m}Tc-APA complex seem to be worse than those for radiopharmaceutics commonly used in the oncological diagnostics [6, 7], for instance ADF tumour-blood ratio for ^{51}Cr-bleomycia is 8 after 12 hours for tumour of the same type, and about 6 after 24 hours; whereas the maximum value obtained in our experiment is 2·5 for ^{99m}Tc-APA tumour-blood.

Results for renoscintigraphy with the use of ^{99m}Tc-APA complex were confronted with those where i-1310-hippuran (ERPF) and ^{99m}Tc DTPA (GFR) were administered. Activity curves over kidneys show remarkable differences after administration of APA especially within phase III which represents the nature of the compound cumulation and not excretion.

Simplicity of synthesis, low toxicity of APA and its easy labelling with technetium are the factors that advocate further experiments with it, for instance, to be used for organ functioning investigations. Possible changes in the experimental conditions may drive the researchers at the expected results.

Received March 23, 1983

References

[1] *B. Sefarin, M. Majewski, I. Taft, J. Borkowski, W. Bąk, T. Szymańska, K. Walczyna*, Arch. Imm. Ther. Exp. **25** (1977) 839

[2] *J. Szuszkiewicz, S. Zommer-Urbańska*, Chemia Analityczna **24** (1979) 625

[3] *J. Szuszkiewicz*, Doctoral Dissertation, Medical Academy in Łódź (Poland), 1978

[4] *M. Ogiński, S. Zommer-Urbańska*, Non published date

[5] *L. Darte, M. Ogiński, B. Persson*, Nucl. Med. **XVIII** (1979) 26

[6] *M. Rembelska, J. Liniecki*, Nucl. Med. **XXI** (1982) 62

[7] *M. Ogiński, J. Liniecki, M. Surma, J. Bialobrzeski*, Int. Urol. Nephrol. **13** (1981) 321

Isotopenpraxis **19** (1983) 12, S. 434 bis 435

Kurze Originalmitteilungen

Zur Bestimmung spezifischer Aktivitäten von ^{32}P-markierten Adenosin-5'-triphosphaten*)

M. Kießling, U. Schumann, E. Mittag, R. Berger

(Zentralinstitut für Kernforschung Rossendorf, Bereich RI, AdW der DDR)[1]

Keywords

ATP; Čerenkov counters; labelled compounds; luminescence; measuring instruments; nucleotides; sulfur 35

Die Gehaltsbestimmung von Adenosin-5'-triphosphat (ATP) im nmol- bzw. pmol-Bereich ist hinreichend beschrieben worden [1—7].

Mit der Malachitgrün-Methode kann eine Gehaltsbestimmung im nmol-Bereich durchgeführt werden, vorausgesetzt, daß das ATP zuvor hydrolytisch in Orthophosphat zersetzt wurde. Jedoch ist diese Methode für ^{32}P-markierte Nukleosidtriphosphate aus ökonomischen Gründen nur bedingt einsetzbar.

In einer für Adenosin-5'-triphosphate spezifischen Reaktion kann mit dem Biolumineszenz-Reagens (Luciferin/Luciferase) eine Gehaltsbestimmung im pmol-Bereich vorgenommen werden [6, 7]. Diese Bestimmungsmethode kann nicht ohne weiteres auf ^{32}P-markierte Adenosin-5'-triphosphate bzw. Desoxyadenosin-5'-triphosphate angewendet werden. Das ^{32}P-Nuklid gehört zu den β-Teilchen emittierenden Nukliden [9—12], die die Mindestenergie von 265 keV für die *Čerenkov*-Strahlung aufweisen (85% d. emittierten Teilchen >265 keV).

Es sollte daher ein Meßverfahren entwickelt werden, das in geeigneter und einfacher Weise Biolumineszenz-Messungen im pmol-Bereich unter Berücksichtigung der *Čerenkov*-Strahlung gestattet.

Experimenteller Teil

Die Bestimmung der spezifischen Aktivität ^{32}P-markierter Adenosin-5'-triphosphate am Beispiel des [γ-^{32}P] ATP besteht in einer Photonenstrommessung der Radioaktivität (Čerenkov-Anteil) und des [γ-^{32}P] ATP-Gehaltes (Biolumineszenz-Anteil). Mittels bestimmter Glasfilter ist die Ausblendung des für die Čerenkov-Strahlung charakteristischen Anteiles möglich.

Die Impulsrate des *Čerenkov*-Anteiles kann so erniedrigt werden, daß der Biolumineszenz-Anteil direkt erhalten werden kann.

Es gelten die allgemeinen Gleichungen:

$$I_G = I_{\check{C}} + I_B \tag{1}$$

$$A_s = \frac{A}{G} \tag{2}$$

$$A = \alpha_1 I_{\check{C}_0} \quad \text{mit} \quad \alpha_1 \left[\frac{\text{Bq} \cdot \text{min}}{\text{Imp.}}\right] \tag{3}$$

$$G = \alpha_2 I_{B_m} \quad \text{mit} \quad \alpha_2 \left[\frac{\text{pmol} \cdot \text{min}}{\text{Imp.}}\right] \tag{4}$$

$$\frac{\alpha_1}{\alpha_2} = \beta \tag{5}$$

$$A_s = \beta \frac{I_{\check{C}_0}}{I_{B_m}} \tag{6}$$

$$\frac{I_{\check{C}_0}}{I_{B_m}} = \frac{I_{\check{C}_0}}{(I_G - I_{\check{C}})_m} = \frac{I_{\check{C}_0}}{I_{G_m}} \tag{7}$$

wenn $I_{\check{C}_m} \ll I_{B_m}$

A_s spezifische Radioaktivität
A Radioaktivität
G Gehalt der Substanz
α_1 Faktor

*) Dem 25jährigen Bestehen der Radioisotopenproduktion im ZfK Rossendorf gewidmet

[1]) Postanschrift: 8051 Dresden Postfach 19

α_2 Faktor
β Faktor
I_G Gesamtimpulsrate
$I_{\check{C}}$ Impulsrate des *Čerenkov*-Anteiles
I_B Impulsrate des Biolumineszenz-Anteiles
o ohne Glasfilter
m mit Glasfilter

Für die Messungen wurden folgende Geräte verwendet:

Gerät	Hersteller
10 MHz-Zähler VA-G-120 Linearverstärker Analysator VA-V-100 SEV – Universelle Szintillationssonde VA-S-50 Abschirmkammer Ergebnisdrucker VA-G-24 A	VEB Meßelektronik „Otto Schön" Dresden Robotron
Phosphatglasfilter [13] bzw. Kantenfilter GG 14	(VEB Carl Zeiß Jena)

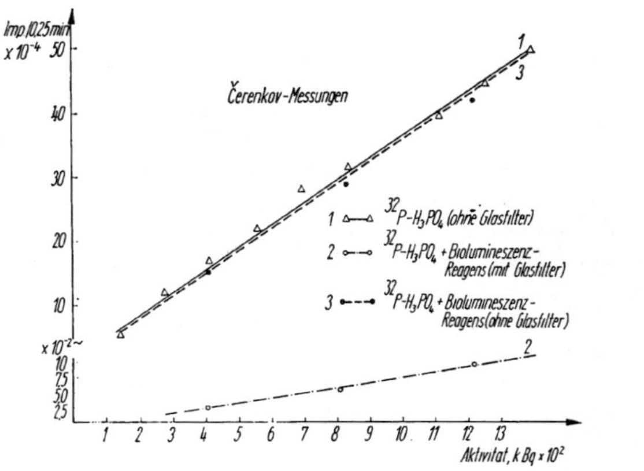

Abb. 1. Photonenstrommessung in Abhängigkeit von der eingesetzten $^{32}P\text{-}H_3PO_4$-Aktivität

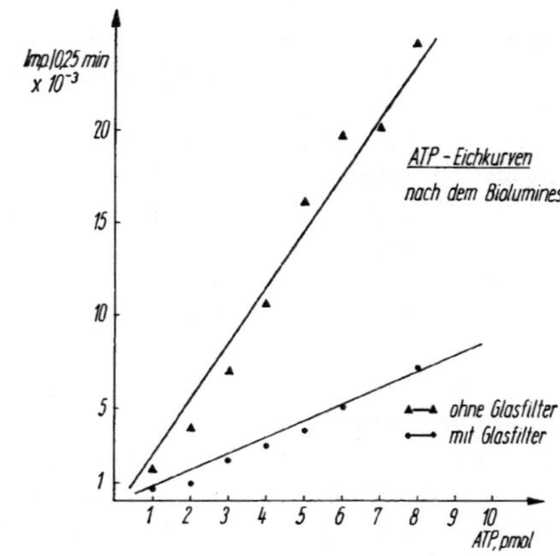

Abb. 2. Photonenstrommessung in Abhängigkeit vom eingesetzten ATP-Gehalt

In einem Plastikgefäß (Gesamtvolumen ca. 200 µl) werden zunächst für die inaktive ATP-Eichkurve jeweils die ATP-Lösungen vorgelegt, mit quarzdest. Wasser auf 100 µl aufgefüllt und 50 µl Biolumineszenz-Reagenslösung (Fa. Boehringer, Mannheim – BRD) hinzupipettiert. Das entsprechende Glasfilter wird bei gegebener Geometrie und unter Einhaltung einer bestimmten Zeit über die Meßprobe in die Abschirmkammer geschoben. Die Registrierung der zeitabhängigen Impulsrate erfolgt sofort. Gleicher Meßvorgang wurde auch ohne Glasfilter durchgeführt, um daraus auf den Grad der Lichtschwächung mittels Glasfilter schließen zu können. Für die *Čerenkov*-Messung der $^{32}P\text{-}H_3PO_4$ gilt die gleiche Meßanordnung und Verfahrensweise.

Die Bestimmung der spezifischen Radioaktivität von [γ-^{32}P] ATP-Proben erfolgt entsprechend Gleichung (6). Die Verdünnungen müssen so durchgeführt werden, daß die Ergebnisse innerhalb des Bereiches der jeweiligen Eichkurve liegen.

Diskussion der Ergebnisse

Zur Bestimmung hoher spezifischer Aktivitäten (>37 TBq je mmol) von ^{32}P-markierten Adenosin-5'-triphosphaten im pmol-Bereich macht sich die vorherige Aufnahme von Eichkurven (s. Abb. 1 u. 2) erforderlich. Da hierbei die Erniedrigung der Impulsrate der $^{32}P\text{-}H_3PO_4$ durch die schwach gelblich gefärbte Biolumineszenz-Reagenslösung vernachlässigbar und der *Čerenkov*-Anteil (mit Glasfilter gemessen) in der radioaktiven Meßprobe $<1\%$ ist, kann aus zwei Eichkurven die spezifische Radioaktivität ermittelt werden. Es liegt nahe, dieses Meßverfahren auch auf ^{32}P-markierte Desoxyadenosintriphosphate bzw. deren Derivate anzuwenden.

Eingegangen am 23. 3. 1983

Literatur

[1] *W. D. McElroy, H. H. Seliger, E. H. White,* Photochem. Photobiol. **10** (1969) 153
[2] *J. W. Patterson, P. L. Brezonik, H. D. Putnam,* Current research **4** (1970) 569
[3] *L. M. Aledort, R. I. Weed, St. B. Troupa,* Anal. Biochem. **17** (1966) 268
[4] *Sue Cheer, J. H. Gentile, C. S. Hegre,* Anal. Biochem. **60** (1974) 102
[5] *H. H. Seliger, W. D. McElroy,* Arch. Biochem. Biophys. **88** (1960) 136
[6] Boehringer Mannheim GmbH (BRD), Biochemica für Biolumineszenz-Analytik
[7] Boehringer Mannheim (BRD), Aktuelle Biochemie 2. Auflage 1981
[8] *H. Hess, J. Derr,* Anal. Biochem. **63** (1975) 607
[9] *R. P. Parker, R. H. Elrick,* The Current Status of Liquid-Scintillation Counting Grune & Straton, New York and London 1970, 110–122
[10] *J. Could, R. Cathar,* Anal. Biochem. **50** (1972) 540
[11] *M. A. Grennfield, A. Norman, A. H. Dowdy, P. M. Kratz,* J. Optical Soc. America **43** (1953) 42
[12] *G. van Ginkel,* Int. J. Appl. Radiat. Isotop. **31** (1980) 307
[13] *M. A. Res, C. J. Kok,* Optik **42** (1975) 351

Isotopenpraxis 19 (1983) 12, S. 436 bis 440

Buchbesprechungen

Combination Processes in Food Irradiation
Proc. of a Symp., Colombo 24–28 Nov. 1980

STI/PUB/568. Vienna: IAEA 1981. 467 S., div. Abb. u. Tab.; kart. ÖS 720.–

Die Strahlenbehandlung von Lebensmitteln zur Verlängerung der Haltbarkeit, Hygienisierung oder Produktverbesserung gewinnt in der Anwendung als Technologie, die weniger Energie als herkömmliche physikalische Methoden erfordert und geringeres gesundheitliches Risiko als die chemischen Behandlungsverfahren aufweist, immer mehr an Bedeutung. In der Lebensmittelbestrahlung kann der präservative Effekt der ionisierenden Strahlen vorteilhaft mit der Wirkung anderer physikalischer oder chemischer Agentien kombiniert werden. Die daraus resultierenden Behandlungsprozesse können die synergistische oder kumulative Wirkung der Kombinationspartner enthalten und führen zur Herabsetzung der Einsatzgrößen für einen oder beide Partner. Dies ergibt Kosten- und/oder Energieeinsparungen, Verbesserung der sensorischen Eigenschaften und mikrobiologischen Qualität der so behandelten Lebensmittel.

Der Band enthält 32 Vorträge eines internationalen Symposiums in Colombo, Sri Lanka, gemeinsam organisiert von der Internationalen Atomenergiebehörde und der Welternährungsorganisation. In 7 Sektionen wurde über Mechanismen der Sensibilisierung von Mikroorganismen durch physikalische und chemische Agentien, Wirkungen kombinierter Behandlungen auf Mikroorganismen, technologische Möglichkeiten kombinierter Prozesse in der Lebensmittelbestrahlung, Verbesserung der mikrobiologischen Qualität von Fisch- und Geflügelprodukten durch kombinierte Prozesse, Unbedenklichkeit, ökonomische und energetische Aspekte sowie über den gegenwärtigen Stand der Lebensmittelbestrahlung diskutiert.

Verschiedene Kombinationen ionisierender Strahlung mit anderen antimikrobiellen Agentien zeigen synergetische Effekte, weitere Untersuchungen zur Aufklärung der biophysikalischen und biochemischen Mechanismen kombinierter Behandlungen werden notwendig. Bei der Verhütung des Verderbs von Nahrungsmitteln hat sich die kombinierte Behandlung mit einer niedrigen Strahlendosis und milder Hitze als besonders effektiv erwiesen. *Farkas* (Budapest) berichtete über erfolgreiche Anwendung bei der Entkeimung von Gewürzen und Verderbsminderung von Brot, gebacken mit bestrahltem Mehl. Gute Ergebnisse gab es bei der Behandlung von Kakaobohnen gegen Schimmelpilze, Desinfestation getrockneter Datteln und der Haltbarkeitsverlängerung von Mango- und Papayafrüchten.

Der Strahlenbehandlung von Geflügelschlachtkörpern zur Verhinderung von Salmonellenerkrankungen der Bevölkerung wird in verschiedenen Ländern (Kanada, Niederlande, USA) ökonomische Bedeutung zugemessen.

Kombination von milder Hitze (zur Enzyminaktivierung) und Radiosterilisation bei lagerfähigem Fleisch, Geflügel und Fischereiprodukten verlängert die Haltbarkeit ohne Tiefkühlkette vom Erzeuger bis zum Verbraucher und hat für Entwicklungsländer große Bedeutung.

In der Hauptdiskussion wurde die Durchsetzung der kurz vorher erfolgten Empfehlungen des FAO/IAEA/WHO Expertenkomitees zur allgemeinen Freigabe der Lebensmittelbestrahlung bis 10 kGy in den einzelnen Ländern angeregt. Breitere Anwendung der Bestrahlung von Nahrungsgütern wird zur Bekämpfung des weltweiten Hungers als notwendig erachtet.

Ch. Grahn

Streitbriefe über Kernenergie
Zwei Physiker über Wissenschaft, Fortschritt und die Folgen

P. Kafka und H. Maier-Leibnitz. München: R. Piper & Co. 1982. 238 S.; Paperback DM 24,–

Die Geschichte unseres Universums, unserer Welt, der Gesteine, Pflanzen und Tiere, unsere eigene Geschichte, also die der Menschheit: *Peter Kafka* drängt sie einleitend innerhalb der Spanne eines Jahres zusammen. Es ist schon atemberaubend, was sich da am Ende dieser Modell-Periode zuträgt. Die nüchternen Fakten sind jedem naturwissenschaftlich Interessierten im Prinzip bekannt. Aber die Dichte der Entwicklungsereignisse?! Welchen Zeitmaßstab benötigt denn eine Evolution als quasi-Gleichgewichtsprozeß? Mit dem Menschen hat jedenfalls eine nach-biologische Entwicklung begonnen, in der Mutation und Selektion bedeutungsgemäß mehr und mehr zurückfallen; seelisch-geistige und technisch-wissenschaftliche Kräfte werden bestimmend und wirken weiter beschleunigend. Bis zu welchem Stadium?

Es wird klar: Das Thema Kernenergie ist ein ziemlich vordergründiger Aufhänger für die Probleme, die in dieser Sammlung von persönlichen Briefen diskutiert werden. *Heinz Maier-Leibnitz*, einer der Nestoren der deutschen Kernphysik und einstiger Präsident der (Bundes-)Deutschen Forschungsgemeinschaft, versucht relativ dicht dranzubleiben. Er argumentiert sauber und in sich schlüssig für die Entwicklung von Wissenschaft und Technik in einem Stil, den man heute im verbreitet akzeptierten Sprachgebrauch vielleicht ein wenig phrasenhaft als wissenschaftlich und wissenschaftspolitisch verantwortungsbewußt kennzeichnen könnte. Man würde ihm sicher sehr unrecht tun, so etwas einfach als wissenschaftspolitisch konservativ zu bezeichnen. Und schließlich war er es, der den Dialog mit seinem Widerpart *Kafka* angeregt hat. Nein, es ist vielmehr die Methode des vom Standpunkt eines äußerst integren Charakters aus „nach bestem Wissen und Gewissen" erfolgenden Extrapolierens.

Es gibt eine bekannte (im Buche von *P. Kafka* zitierte) Definition von dem Mathematiker *David Hilbert*: Standpunkt ist Gesichtskreis mit Radius Null. So wenig man diesen Sarkasmus auf einen der beiden Diskutanden anzuwenden berechtigt sein mag: Bei aller Ausgedehntheit des Dialogs bleibt die Überlappung in den beiderseitigen Überzeugungen bis hin zum Ende des Buches erstaunlich gering. Also doch nur „Standpunkte"? Das ist das eigentliche Phänomen dieses hochinteressanten und stellenweise hochbrisanten Bandes: daß sich zwei Physiker, denen man für die Beurteilung der berührten Fachfragen in gleicher Weise Kompetenz zuerkennen möchte und die sich aus zutiefst humanem Verantwortungsgefühl und aus freien Stücken gesellschaftspolitisch jederzeit wohl auch in sehr ähnlichem Umfange exponieren (es sei z.B. daran erinnert, daß *H. Maier-Leibnitz* zu den „Göttinger Achtzehn" gehört!), verhältnismäßig schlecht verstehen.

Dem Rezensenten erschienen Sprache und Argumente von *H. Maier-Leibnitz* zunächst einfacher, einleuchtender. Sie liegen sozusagen auf der Linie des im Prinzip positiv Vorgedachten. Aber man muß viele Stellen mehrfach lesen. *Kafka* ist kein Phantast und kein Pessimist. Gegen Ende des Bandes bietet er diskutable Alternativen, aber er predigt in ungewohnt weiten Zusammenhängen. Und die wird man sich wohl verbreiteter erschließen müssen, wenn man geneigt ist, weiter als ein paar Jahre oder Jahrzehnte vorauszudenken.

Übrigens: *Kafka* ist Astrophysiker; vielleicht hat er schon von daher ein bemerkenswertes Gespür für weiterreichende Maßstäbe.

G. Brunner

Analyse von Rechensystemen

G. Bolch u. I. F. Akyildiz. Stuttgart: B. G. Teubner 1982. 169 S., div. Abb. u. Tab. (Teubner Studienbücher Informatik) kart. DM 28,80

Bei modernen Rechensystemen (mit Time-Sharing, Multiprogrammierung, mehreren Speichern, mehreren Prozessoren) reicht es nicht mehr aus, die Leistungsfähigkeit durch Angabe von Verarbeitungsgeschwindigkeiten der einzelnen Komponenten zu umreißen.

Die Leistungsbewertung besteht bei den heutigen Systemen in der Bestimmung von Größen wie z.B. Durchsatz, Antwortzeit, Auslastung einzelner Komponenten. Diese Werte werden zu Planung, Entwicklung, Vergleich und Verhaltensanalyse von Rechensystemen benötigt.

Neben Meßmethoden werden — da das Ablaufgeschehen komplex ist — zunehmend Modellbildungstechniken verwendet.

Die Charakteristika moderner Computersysteme führen direkt auf Warteschlangenmodelle — Anwendungen derartiger Modelle für die Leistungsanalyse von Rechensystemen sind der Gegenstand des vorliegenden Buches.

Nach einer kurzen Einleitung in die Theorie der Wartesysteme und einer Übersicht über Warteschlangenmodelle werden alle wichtigen analytischen Methoden zur Analyse des Leistungsverhaltens derartiger Systeme anhand dieser Modelle behandelt. Alle Methoden werden an bewußt einfach gehaltenen Beispielen ausführlich erläutert — was einen nur anwendungsorientierten Einstieg und ein erstes Kennenlernen der Aufgaben sehr erleichtert.

Damit wird dem Ziel des Buches entsprochen — eine systematische und leicht gefaßte Einführung in diese Methoden zu geben.

In erster Linie wenden sich die Autoren an Informatikstudenten höherer Semester. Es werden Grundkenntnisse in der Wahrscheinlichkeitstheorie und Informatik vorausgesetzt. Das schließt aber nicht aus, daß hier jedem Fachmann, der sich mit der Bewertung von Rechensystemen befaßt, eine empfehlenswerte Einführung vorgelegt wird.

J. Born

Numerische Methoden der Approximation und semi-infiniten Optimierung

R. Hettich, P. Zenke. Stuttgart: B. G. Teubner 1982. 232 S., zahlr. Abb. (Teubner Studienbücher Mathematik) kart. DM 24,80

Die herkömmlichen numerischen Methoden zur Approximation von Funktionen benötigen das Erfülltsein der sogenannten Haar-Bedingung, wodurch ihre Anwendbarkeit stark eingeschränkt wird. Die Autoren des vorliegenden Buches machen den Leser mit numerischen Methoden zur Approximation bekannt, bei denen die Erfüllung der Haar-Bedingung nicht vorausgesetzt werden muß. Sie formulieren das Approximationsproblem als semi-infinites Optimierungsproblem (d. h. als Optimierungsproblem mit unendlich vielen Nebenbedingungen) und lösen dann dieses Optimierungsproblem. Hierdurch wird es z.B. möglich, Funktionen in mehreren Variablen und Funktionen, die vorgeschriebene Nebenbedingungen einhalten sollen, numerisch zu approximieren. Im wesentlichen beschränken sich die Autoren auf die Approximation von Funktionen.

Das Buch gliedert sich in zwei Teile. Nach einem einleitenden Kapitel wird im ersten Teil die Theorie der semi-infiniten Optimierung hergeleitet, soweit sie für die im zweiten Teil angegebenen numerischen Methoden erforderlich ist. Ein gesondertes Kapitel befaßt sich mit der Anwendung der semi-infiniten Theorie auf die *Chebyshev*-Approximation. Der zweite Teil gibt dem Leser einen Überblick über die numerischen Methoden der semi-infiniten Optimierung. Es werden Methoden zur Lösung linearer und nichtlinearer Probleme behandelt. Das abschließende Kapitel dient der Darstellung numerischer Beispiele sowie zweier Spezialfälle der *Chebyshev*-Approximation, der rationalen und der Exponential-Approximation.

Den Autoren ist es gelungen, eine gute Einführung in die Theorie der semi-infiniten Optimierung und die darauf aufbauenden numerischen Methoden zur Approximation zu geben. Durch zahlreiche Beispiele und Abbildungen wird dem Leser das Verständnis erleichtert. Da in einleitenden Abschnitten jeweils die grundlegenden Begriffe und Sachverhalte der finiten Optimierungstheorie bzw. Methoden dargeboten werden, benötigt der Leser nur die Kenntnisse der Grundkurse Analysis und Lineare Algebra.

Ein ausführliches Literaturverzeichnis ergänzt den Band.

Das Buch ist für alle Leser von Interesse, die in ihrer Arbeit mit Problemen der numerischen Approximation konfrontiert werden.

A. Wittmüß

Neue Methoden der radioanalytischen Chemie

Autorenkollektiv, Redaktion: M. Kyrs, G. N. Bilimovitch. Moskau: Energoisdat 1982. 321 S., 96 Abb., 14 Tab., 1026 Lit. (in Russisch); geb. Rbl. 3,90; M 19,50

Von einem Kollektiv von Autoren, die selbst wesentlich zur Entwicklung der Theorie und Praxis radioanalytischer Methoden beigetragen haben, wird eine Monographie vorgelegt über das auf diesem Gebiet in den letzten Jahren angesammelte Material. In dem Buch werden neuere radioanalytische Methoden zur Spurenbestimmung, wie Radioreagensmethoden und ihre Varianten, Methoden des Isotopenaustausches, Radioreleasemethoden, der Substöchiometrie, der Radioimmunoassays und Fragen der Automatisierung radioanalytischer Methoden betrachtet.

Über die gut bekannten klassischen Methoden, wie Isotopenverdünnungsanalyse, radiometrische Titration und die Anwendung radioaktiver Indikatoren bei Trenn- und Anreicherungsprozessen enthält das Buch keine bzw. nur mit der hier behandelten Spezifik im Zusammenhang stehende Ausführungen.

Die einzelnen Methoden werden im Rahmen von sechs Kapiteln beschrieben.

Im umfangreichen Kapitel 1 wird versucht, die Varianten der Radioreagensmethoden zu klassifizieren; es werden die Besonderheiten und Möglichkeiten, die Anforderungen an das radioaktive Reagens, Vorteile und Nachteile der Methoden dargestellt. Tabellarisch sind Anwendungsbeispiele für die Analyse anorganischer und organischer Substanzen zusammengefaßt.

Kapitel 2 behandelt das Prinzip der Substöchiometrie und seine Anwendung für radioanalytische Methoden, dabei werden die für die Analyse genutzten Reaktionen, wie Extraktion, Komplexbildung, Fällung und Redoxprozesse näher betrachtet und die Verdrängungssubstöchiometrie als neues analytisches Verfahren beschrieben. Besondere Aufmerksamkeit wird den Reaktionen des homogenen und heterogenen Isotopenaustausches gewidmet, insbesondere zur Spurenanalyse im Rahmen des Umweltschutzes.

Die Methode der konzentrationsabhängigen Verteilung, die ebenfalls noch wenig bekannt ist bzw. noch wenig Verbreitung gefunden hat, wird im Kapitel 3 behandelt; Beispiele für Analysen von Einzelelementen, Anionen und Legierungen sind tabellarisch zusammengestellt.

Die Methoden der Radioreleasetechnik und der Radioimmunoassay, für die in letzter Zeit auf speziellen Gebieten eine starke Entwicklung zu verzeichnen ist, werden mit zahlreichen Beispielen in den Kapiteln 4 bzw. 5 behandelt.

Im letzten Kapitel wird der Tendenz der Automatisierung von Prozessen, die auch in der radioanalytischen Chemie sichtbar wird, Rechnung getragen.

Das Buch ist eine gute Anleitung und Hilfe für den Analytiker, der mit den Grundlagen der Kernphysik und Radiochemie schon vertraut ist und auf dem Gebiet der analytischen Chemie unter Nutzung von Radionukliden arbeitet.

B. Gorski

Ion Exchangers in Analytical Chemistry
Their Properties and Use in Inorganic Chemistry

M. Marhol, aus dem Tschech. V. Veselý, Prague: Academia 1982. 585 S., 54 Abb., 162 Tab., 1491 Lit. (englisch); geb. Kčs 220,–/M 90,30

Das sorgfältig ins Englische übertragene Buch gibt eine umfassende Darstellung zur Anwendung der Ionenaustauscher in der modernen analytischen Chemie. Im 1. Teil des Buches werden die derzeitigen Kenntnisse über Ionenaustauscher und zur Theorie des Ionenaustauschprozesses vermittelt; die übersichtliche Darstellung des Stoffes ermöglicht leicht den Einstieg in die theoretischen Grundlagen dieser vielseitigen analytischen Arbeistechnik. Der 2. Teil des Buches ist mit über 300 Seiten am umfangreichsten und wird dem Untertitel voll gerecht. Es werden zunächst die physikalischen und chemischen Eigenschaften von Austauscherharzen und die Methoden zu ihrer Bestimmung ausführlich beschrieben. In einem gesonderten Abschnitt wird u. a. auch auf die Stabilität der Ionenaustauscher gegenüber ionisierender Strahlung eingegangen. Nach einem Kapitel über apparative Einzelheiten und Varianten der Arbeitstechnik findet man die Lösungswege für analytische Fragestellungen behandelt. Der Systematik des PSE folgend werden die Möglichkeiten zur Trennung der Elemente jeder Haupt- bzw. Nebengruppe einschließlich der Transurane voneinander diskutiert und ausführliche Arbeitsvorschriften auch für eine Vielzahl von Trennungen der Elemente der jeweiligen Gruppe von anderen Elementen in Makro- und Mikrokonzentrationen dargelegt. Eine Erläuterung der neueren Literatur zu radiochemischen Vielelemente-Trennungen im Zusammenhang mit der Neutronenaktivierungsanalyse und andere nützliche Anwendungen von Ionenaustauschern in der anorganischen Analytik sowie ein Kapitel über chelatbildende und anorganische Ionenaustauscher, die wegen ihrer hohen Selektivität und letztere auch wegen ihrer Strahlenresistenz von steigendem Interesse sind, schließen diesen Teil des Buches ab. Ergänzt wird die Fülle der für den Praktiker wertvollen Details noch durch 88 in den Text eingefügte Tabellen, die eine schnelle Orientierung ermöglichen, und mehr als 1300 Literaturzitate.

Im 3. Teil des Buches sind nach einem Verzeichnis der im Zusammenhang mit Handelsnamen von Austauschern verwendeten Abkürzungen und Symbole in 60 Tabellen und 22 graphischen Darstellungen die Charakteristika der von 50 renommierten Firmen angebotenen Ionenaustauscher mit außerordentlicher Sorgfalt zusammengetragen worden. Diese Daten erleichtern dem Leser wesentlich die Auswahl eines geeigneten Austauschers für die Lösung eines gegebenen Trennproblems.

Die Literatur wird leider nur bis einschließlich 1978 erfaßt, obwohl das Buch erst 1982 herausgegeben wurde. Von den fast 1400 zitierten Arbeiten ist lediglich ein geringer Teil (13%) vor 1960 erschienen. Außerdem enthält ein Anhang die bibliographischen Angaben von 96 Monographien zu diesem Sachgebiet, die hauptsächlich den Zeitraum von 1955 bis 1978 umfassen.

Das Buch ist sehr benutzerfreundlich. So findet man durch Hinweise auf jeder zweiten Buchseite schnell die Liste der im Text zitierten Literaturstellen am Ende jedes Kapitels oder Abschnitts. Die Vielfalt und die systematische Gliederung des behandelten Stoffes werden dem Buch einen großen Interessentenkreis erschließen, zu dem nicht nur der ausschließlich analytisch arbeitende Chemiker sondern u. a. auch der Radiochemiker, der Biochemiker und der Pharmazeut gehören werden.

P. Hecht

Anorganische Chemie
Eine zusammenfassende Darstellung für Fortgeschrittene

F. A. Cotton und G. Wilkinson; übersetzt von H. P. Fritz. 4. völlig neu bearb. Auflage. Weinheim – Deerfield Beach, Florida – Basel: Verlag Chemie 1982. 1420 S., 385 Abb., 179 Tab.; Kunststoffeinband DM 108.–

Man sagt, die anorganische Chemie hätte zwei große Etappen durchgemacht und sie befände sich gegenwärtig in einer dritten. Abgesehen von der frühen Geschichte der Metallurgie reiche eine erste Blütezeit vom 18. bis in die Mitte des 19. Jahrhunderts. Namen wie *Scheele*, *Priestley*, *Lavoisier*, *Dalton* und *Berzelius* wären u. a. zu nennen. Diese Periode endete schließlich mit der Entdeckung des Periodensystems durch *D. F. Mendelejew* und *L. Meyer*. Der Beginn der zweiten Blütezeit kann ziemlich genau mit dem Jahr 1892 fixiert werden, wo *Alfred Werner* die Chemie durch die fruchtbare Idee der Komplexverbindungen bereicherte und selbst mehr als 8000 neue Verbindungen herstellte. In der dritten Etappe, die auch manchmal als Renaissance der anorganischen Chemie bezeichnet wird, befinden wir uns heute. Was charakterisiert die jetzige Etappe, was unterscheidet sie von den vorhergehenden? Eine Antwort darauf gibt das vorliegende Buch der anorganischen Chemie. Ein flüchtiger Leser würde beim Anblättern sogar meinen, er hätte ein Lehrbuch der organischen Chemie vor sich: dreidimensionale Darstellungen der anorganischen Verbindungen, wie sie in der Stereochemie üblich sind, Molekülorbitale und Energieniveaudiagramme, strukturchemische Methoden und Betrachtungen sind häufig zu finden.

Das Buch ist in vier große Abschnitte, Teile, gegliedert; einen Teil einer allgemeinen Einführung (S. 1–216), in dem die Symmetrien und Strukturen chemischer Verbindungen, die Eigenschaften der Liganden und die Stereochemie behandelt werden, einen zweiten Teil (S. 217 bis 629), der den Hauptgruppenelementen gewidmet ist, gefolgt vom Teil III (S. 631–1066), die Chemie der Übergangselemente beschreibend, und schließlich Teil IV (S. 1069–1367), der spezielle Themen wie Metallcarbonyle, Molekülumlagerungen in Komplexen, Synthese und Katalyse von Übergangsmetall-Kohlenstoff-Bindungen und die bioanorganische Chemie erfaßt. In einem Anhang sind Umrechnungsfaktoren von Einheiten, Ionisierungsenthalpien der Atome, Atomorbitale und magnetische Eigenschaften chemischer Verbindungen zusammengestellt.

Daß sich die Chemie der Transurane nahtlos in die Chemie der Actiniden-Elemente einreiht, ist heute eine gewohnte Tatsache – immerhin sind allein 10 Bände des *Gmelin*-Handbuchs diesen Elementen gewidmet. In gleicher Art – und dies ist noch nicht weit verbreitet – werden aber auch Erkenntnisse vorgestellt, die mit Hilfe der Isotopenmethoden erhalten wurden und die mit einer anzuerkennenden Selbstverständlichkeit eingestreut sind. Diese Methoden haben längst ihre Sonderstellung aufgegeben und lassen gerade für Fortgeschrittene die leicht zu überschauende Nützlichkeit und Aussagekraft erkennen, wie es in dem vorliegenden Lehrbuch oft geschieht. Hier eine Bemerkung zu den nicht näher ausgeführten Ursachen über die Schwankungen der Atommassen: Auf. S. 422 wird beispielsweise vom absoluten Verhältnis der Stickstoffisotope $^{14}N/^{15}N$ gesprochen. Dies ist ungenau. Das dort angegebene Verhältnis wurde von *Gregor Junk* und *Harry J. Svec* 1958 am Luftstickstoff gemessen und dient seither als internationaler Standard für die Isotopenvariationen des Stickstoffs in der Natur, übrigens mit einer Unsicherheit von 272,0 ± 0,3. Man hätte ebensogut einen anderen Standard einführen können, nur ist der Luft-N_2 in seinem Isotopenverhältnis besonders konstant. Als Kohlenstoffstandard für das $^{12}C/^{13}C$-Verhältnis wurde ein Belemnit eingeführt, der substantiell gar nicht mehr vorhanden ist.

Besonders hervorzuheben und kaum noch zu überbieten ist die Aktualität der erfaßten Literatur. Insgesamt sind 5019 Zitate aufgeführt, wobei 59,9% aller Zitate aus den Jahren 1976–1981 stammen. Das Maximum liegt bei 1978 mit 18,8% (946 Zitate). Zum Vergleich: In der 1. deutschen Auflage von 1967 waren 1989 Literaturstellen enthalten, wobei 51,6% aus den Jahren 1963–67 stammten. Es scheint eine Besonderheit und auch eine beachtenswerte Leistung dieser beiden Autoren zu sein, so aktuelle Literaturzitate in ihren Publikationen zu erfassen; ein Angebot, das der Leser und Nutzer mit Dank entgegennehmen dürfte.

Die Neuauflage des *Cotton/Wilkinson*, wie der abgekürzte Sprachgebrauch unter Kennern schon lautet, hat sich ein weiteres Mal den ihm gebührenden Platz gesichert. Es ist ein Werk entstanden, das mit staunenswerter Akribie zusammengestellt und mit anerkennenswerter Sachkenntnis ausgewählt wurde. Das so oft als strukturlos angenommene und mit einer Ladung versehene anorganische Ion zeigt sich in seiner tatsächlichen Mannigfaltigkeit und in seinem vielfältigen Reaktionsvermögen.

H. Hübner

Adsorption

J. Ościk; aus dem Poln.; PWN-Polish Scientific Publishers, Warszawa und Ellis Horwood Limited Publishers, Chichester, 1982; 206 S., 111 Abb., 8 Tab., 336 Lit. (engl.); geb. M 99,25

In dem vorliegenden Buch werden nach einigen allgemeinen Ausführungen über Definitionen und Klassifikationen von Adsorptionssystemen in mehreren Kapiteln die thermodynamischen und zum Teil auch die kinetischen Grundlagen für die Vorgänge an den verschiedensten Phasengrenzflächen ausführlich beschrieben. Dabei nehmen naturgemäß die Fest-Gas- sowie die Fest-Flüssig-Grenzflächenvorgänge 75% des Gesamtvolumens ein, während die Flüssig-Gas- und Flüssig-Flüssig-Systeme nicht in dieser Breite behandelt werden.

Der Autor, der selbst Hochschullehrer ist, gibt mit diesem Buch jungen Wissenschaftlern und speziell interessierten Studenten die Möglichkeit, sich in gut verständlicher und konzentrierter Form mit den Grundlagen der Adsorption vertraut zu machen, die in den allgemeinen Lehrbüchern der physikalischen Chemie noch nicht den Raum einnehmen, der den Grundlagen der Grenzflächenvorgänge aufgrund ihrer in den letzten Jahren stark angestiegenen Bedeutung zukäme.

Speziell auf diesen Gebieten arbeitenden Wissenschaftlern bedeutet dieses Buch allerdings keinen Erkenntniszuwachs, was auch darin zum Ausdruck kommt, daß von der jüngsten Literaturstelle aus dem Jahre 1977 an gerechnet, 50% der Literatur älter als 15 Jahre sind. Die Terminologie und die Schreibweise der chemischen Verbindungen entsprechen der IUPAC-Regeln.

P. Harting

Molecular Vibrational/Rotational Spectra

D. Papoušek, M. R. Aliev. Prague: Academia 1982. 324 S., 49 Abb., 43 Tab.; Ganzleinen M 59,50; Kčs 145,–

Die Bedeutung des theoretischen und experimentellen Studiums der Feinstruktur von Rotations-Schwingungsspektren vielatomiger Moleküle hat in letzter Zeit vor allem durch die Fortschritte auf dem Gebiet der Laser-Spektroskopie beträchtlich zugenommen. Viele der dabei erzielten Ergebnisse tragen interdisziplinären Charakter und haben neue Perspektiven sowohl für die Molekülspektroskopie als auch für technologische Anwendungen eröffnet. Dazu gehören: Anregung chemischer Reaktionen durch infrarote Laserstrahlung, Laser-Isotopentrennung, Nachweis chemischer Verbindungen im interstellaren Raum, Feststellung von Schadstoffen in der Umwelt auf große Entfernungen.

Die vorliegende Monographie ist in dieser Hinsicht eine notwendige Ergänzung zur bisherigen spektroskopischen Standardliteratur. Sie bringt eine moderne Darstellung der Theorie der Rotations-Schwingungsspektren vielatomiger Moleküle.

Kap. I enthält die Elemente der Theorie für quasistarre Moleküle. Dabei werden – ausgehend von der zeitabhängigen *Schrödinger*-Gleichung – die notwendigen Näherungen (für den harmonischen Oszillator und starren Rotator) schrittweise eingeführt.

Kap. II behandelt das Konzept der Klassifizierung molekularer Energieniveaus aufgrund ihrer Symmetrie sowie die Auswahlregeln für spektrale Übergänge.

In Kap. III wird die Theorie der Rotations-Schwingungswechselwirkungen in einer neuen Form präsentiert.

Kap. IV schließlich befaßt sich mit den nichtstarren Molekülen (innere Rotation; Inversion).

Das Buch ist didaktisch geschickt aufgebaut und kann als Grundlage sowohl zur Einführung als auch zur Vertiefung und praktischen Anwendung der Theorie dienen. Hierbei leisten auch die Literaturverzeichnisse der einzelnen Abschnitte und die Erläuterungen des Anhangs wertvolle Dienste. Ein wesentlicher Vorzug des Buches ist, daß die Autoren zu praktisch jedem Kapitel eigene Beiträge vorweisen können, wodurch eine erhebliche Transparenz und Anwenderfreundlichkeit der komplexen Materie erreicht wird. Abgesehen von wenigen (nicht sinnentstellenden) Druckfehlern (z.B. im Lit.-Zitat 1 auf S. 84 und in der ersten Textzeile des „Subject Index") und dem Ausfall der Lit.-Zitate 27–30 auf S. 256 ist die Form der Darstellung ausgezeichnet.

Als Nutzer der Monographie sind sowohl Studenten als auch Spezialisten auf verschiedenen Gebieten (Molekülspektroskopie, Laser-Physik, Astrophysik, Isotopentechnik, chemische Reaktivität, Analytik im weitesten Sinne) angesprochen.

G. Hanschmann

ISOTOPENPRAXIS

Volume 19 1983 Number 12

Contents

Progress Reports

Articles

Letters to the Editor

Inhalt

Fortschrittsberichte

Originalarbeiten

Kurze Originalmitteilungen

Isotopenpraxis is indexed in Current Contents/PC&ES, Science Citation Index, and INIS Atomindex